油茶高产栽培工作历

主编⊙农慧珍　文　彪

广西科学技术出版社

图书在版编目（CIP）数据

油茶高产栽培工作历 / 农慧珍，文彪编著. —南宁：广西科学技术出版社，2019.12

ISBN 978-7-5551-1285-3

Ⅰ. ①油… Ⅱ. ①农… ②文… Ⅲ. ①油茶—栽培技术 Ⅳ. ①S794.4

中国版本图书馆CIP数据核字（2019）第271340号

YOUCHA GAOCHAN ZAIPEI GONGZUOLI

油茶高产栽培工作历

农慧珍　文　彪　编著

责任编辑：黎志海　张　珂　　封面设计：韦娇林
责任印制：韦文印　　责任校对：梁　斌

出 版 人：卢培钊
出版发行：广西科学技术出版社　　地　　址：广西南宁市东葛路66号
邮政编码：530023　　网　　址：http://www.gxkjs.com

经　　销：全国各地新华书店
印　　刷：广西万泰印务有限公司
地　　址：南宁市经济开发区迎凯路25号　　邮政编码：530031
开　　本：787mm × 1092mm　1/16
字　　数：177千字　　印　　张：10.5
版　　次：2019年12月第1版　　印　　次：2019年12月第1次
书　　号：ISBN 978-7-5551-1285-3
定　　价：98.00元

农慧珍，林业高级工程师。1985 年毕业于广西农学院林学分院林学专业，获农学学士学位。毕业后，先后在广西南宁地区林业局森防站、林场站、广西崇左市林业技术推广站、广西林业科学研究院从事病虫害防治、国有林场管理、林业成果技术推广、油茶产业管理等工作。任政协崇左市第二届常务委员会委员，广西油茶产业协会第一届理事会秘书处副秘书长。承担并完成科研项目 1 项，在省级以上学术刊物上发表论文 5 篇，编写《广西崇左市林业发展规划（2006—2010 年）》《广西崇左市林业科技发展规划（2006—2010 年）》等总体规划书 4 本，获广西林业科技进步三等奖 1 项、实用发明专利 1 项。

文彪，林业高级工程师。1985 年毕业于广西农学院林学分院林学系林学专业，获农学学士学位。毕业后，在广西林业科学研究院从事林木良种选育、林业政策法规、林业调查规划等研究和管理工作。承担并完成科研项目 3 项，制（修）订广西地方标准 2 项，在省级及核心学术刊物上发表学术论文 10 多篇，编写总体规划书 1 本，获广西科技进步二等奖 1 项、三等奖 2 项，获广西林业科技进步二等奖 1 项。参加编写《广西竹类植物》（副主编）、《广西热带岩溶区林业可持续发展技术》（编委）2 部专著。

序

编者在广西油茶产业协会秘书处工作期间，经常收到来自油茶种植户、经营者的来电咨询，咨询的内容主要是关于油茶种植的品种选择、林地选择、油茶种植需要的气候条件、种植后的管理、病虫害防治、合理施肥等问题。大部分问题编者都能及时解答，部分没有遇到过的问题则记录下来，请教有经验的专家或查阅资料、到油茶种植基地实地观察后再答复咨询者，几年下来就有了深刻的心得体会：油茶种植户和经营者需要的是一整套关于油茶良种培育技术、栽培技术、病虫害防治等相关知识的资料，而且这套资料应该是通俗易懂的、直观的、便于实际操作的、让油茶种植户和经营者每个月都知道该做什么和如何去做的资料。编者经过实践和整理，形成了《油茶高产栽培工作历》的雏形，希望编撰出版本书能对更多的油茶种植户、经营者有些许帮助。

本书的编写参考并采用了广西林业科学研究院油茶所的油茶相关研究资料和成果，图片资料原型基本拍摄自广西林业科学研究院油茶园、油茶苗圃。本书在编写过程中，得到叶航、梁斌、魏育、周招弟等同志的支持和帮助，在此一并致谢。

由于编者水平有限，疏漏之处在所难免，敬请广大读者见谅并批评指正。

编者

2018 年 12 月

目 录

content

第一章 概述

一、生物学特征

二、油茶的价值

三、丰产栽培技术

四、油茶果采收和处理

山茶科茶属（*Camellia* L.）植物，属常绿灌木或小乔木，约有 220 种，分布在亚洲热带至亚热带地区，我国约有 190 种。茶属植物种子富含油脂，可榨取食用油和工业用油。油茶是其中重要的木本油料树种，在中国已经有 2300 多年的栽培历史，不仅是我国南方主要的经济林木，而且是世界四大木本油料之一。油茶榨取的茶油色清味香，营养丰富，耐贮藏，是优质的食用油。

一、生物学特征

（一）形态特征

油茶树高 2 ～ 4 m，属常绿灌木或小乔木，树皮淡褐色，光滑，嫩枝有粗毛。顶芽 1 ～ 3 个，紫红色的为花芽，居中细长、黄绿色的为叶芽，鳞片紧密。单叶互生，叶片革质，椭圆形或卵状椭圆形，长 3 ～ 10 cm，宽 1.5 ～ 4.5 cm，腹面深绿色，发亮，中脉有粗毛或柔毛，背面浅绿色，无毛或中脉有长毛，侧脉在上面能见，在腹面不明显，边缘有细锯齿，有时具钝齿。花顶生或腋生，两性花，近于无柄，苞片与萼片约 10 片，由外向内逐渐增大，直径 6 ～ 9 cm，花瓣倒卵形，背面有贴紧柔毛或绢毛，花后脱落，花瓣白色，5 ～ 7 片，长 2.5 ～ 3.0 cm，宽 1 ～ 2 cm，先端凹入或 2 裂，基部狭窄，近于离生，背面有丝毛；雄蕊长 1.0 ～ 1.5 cm，外侧雄蕊仅基部略连生，偶有长达 7 mm 的花丝管，无毛，花药黄色，背部着生；子房 3 ～ 5 室，花柱长约 1 cm，无毛，先端不同程度 3 裂。蒴果球形、扁圆形、橄榄形，3 室或 1 室，每室有种子 1 ～ 4 粒，果瓣厚而木质化。种子茶褐色或黑色，三角状，有光泽。

（二）生长习性

油茶树寿命达几十年至数百年。油茶开始结果的年龄因繁殖方式不同而异，实生苗 5 年才开始结果，10 年进入盛果期；嫁接苗 3 年即开始结果，6 年进入盛果期，在良好的管理条件下，盛果期可维持 50 年。

1. 根系生长

油茶树为主根发达的深根性树种，主根可深达 2 ～ 3 m，吸收根密集分布在 10 ～ 35 cm 的土层中。种子萌芽首先胚根伸出，20 天后胚芽出土。根系生长一年中有 2 个生长高峰，2 月中旬土温达到 10℃时开始萌动，3 ～ 4 月在春梢快速生长之前出现第一次生长高峰；9 月在果实停止生长至开花之前，出现第二次生长高峰，12 月至翌年 2 月生长缓慢。油茶树根系生长具有强烈的趋水趋肥性，具有较强的愈合能力和再生能力。

2. 芽生长

依其在枝梢着生位置不同分为顶芽和腋芽，依其性质不同分为叶芽和花芽。顶芽 1 ～ 3 枚，多的可达 10 余枚，中间 1 枚为叶芽，其余为花芽；腋芽 1 ～ 2 枚并生于叶腋处，其中 1 枚为叶芽，其余为花芽。叶芽瘦长，花芽肥大。开始难以用肉眼区别花芽与叶芽，到 5 月中旬便可识别。凡圆而粗、呈红色的为花芽，细扁而尖、呈青绿色的为翌年萌发新梢的叶芽。

3. 枝梢生长

按抽发的季节可分为春梢、夏梢和秋梢。幼龄阶段，当水肥条件充足，三者兼而有之，进入盛果期的油茶一般只抽发春梢，少有夏梢，单枝具有 3 片叶以上才能形成花芽，每果平均有 15 ～ 20 片叶才能保证稳定均衡生长，叶片过少，翌年必然出现结果小年。

春梢是指立春至立夏之间抽发的新梢，春梢数量多，粗壮充实，节间较短，是当年开花和积累养分的主要来源之一，强壮的春梢还是抽发夏梢的基枝，春梢的数量和质量，决定了树体的营养状况，春梢的生长不仅关系到当年的花芽分化，而且关系到翌年油茶产量，春梢数量与翌年油茶产量成正相关。

夏梢是指立夏至立秋之间抽发的新梢，幼树能抽发较多的夏梢，夏梢能促进树体的扩展。初果树抽发的夏梢，发育充实的部分可以分化花芽，发育成为翌年的结果枝。

秋梢是指立秋至立冬之间抽发的新梢，幼树或初果树抽发较多，秋梢能促进树体的扩展，无法分化花芽。

4. 开花

油茶花芽分化从春梢基本结束生长后的 5 月中下旬开始，到 9 月下旬基本结束，10 月中旬为初花期，11 月为盛花期，12 月下旬花期基本结束，少数花延长至翌年2月底开放。花从开放到凋谢的时间为5～6天，开花第1～2天柱头正常，第3～4天开始枯萎，花粉在柱头上第1～2天发芽率最高，最容易传粉受精。花开时间在9：00～14：00，11：00～13：00最盛，此时气温较高，有利于花朵开放、授粉和受精。油茶为虫媒异花授粉，传粉昆虫主要有土蜂、舌蜂、小花蜂和肉蝇等。

5. 结果

油茶花授粉后，子房略有膨大，12月中旬后生长缓慢，到翌年3月气温回升，幼果继续生长，4～8月果实发育较快，7～8月果实增长迅速，9月末至10月中下旬，油脂转化逐步停止，果实成熟，寒露过后开始采收。

（三）适生环境

油茶喜温暖、湿润，怕寒冷的气候，生长要求年平均气温16～18℃，1月平均气温3℃以上，7月平均气温28℃以下，极端最低气温-10℃，年日照1800～2200 h，无霜期200天以上；花芽分化最适温度27～29℃，花期最适温度12～16℃。若温度不适宜，会降低花芽分化率和坐花坐果率；缺乏充足的阳光，油茶只长枝叶，结果少，果实含油率低。突然的低温或晚霜会造成落花、落果。油茶要求水分充足，要求年降水量1000～2200 mm，降水集中于4～8月，若花期连续降雨，会影响授粉。

油茶树宜在坡度和缓、侵蚀作用弱的地方栽植，栽植处坡度超过25°则会导致油茶生长不良。海拔、坡向、坡位、坡度等对油茶生长有间接的影响。阳坡油茶的生长量、果量、含油率等性状均较阴坡的要高，且花期提前，果熟期早；下坡的油茶长势、产量均优于上坡。油茶栽植以黄壤和红黄壤为好，黄红壤和红壤次之。宜选择pH值5.0～6.0的疏松、深厚、肥沃、排水良好、保肥保水力强的壤土或砂质壤土栽培，不宜选择中性土和钙质土栽培。

油茶树喜光，苗期和幼树期有一定耐荫性，成林后，要求充足的光照。油茶对水分条件的要求不严，但在8～9月果实生长发育期间，雨量充沛、均匀，立地供水充足，有利于果实生长和油脂转化，开花期间降水过多，则不利于传粉受精，加剧落花、落果。

（四）地理分布

油茶在世界上分布不广，我国为其自然分布中心。油茶分布在我国南方亚热带地区的高山及丘陵地带，主要集中在湖南、江西、广西、福建、浙江、湖北、安徽、贵州、广东、四川等地，湖南油茶产量占全国油茶产量的40%以上，湖南与江西的油茶产量加起来占全国油茶产量的70%，广西排在第三。油茶在我国的水平分布为北纬18° 21′～34° 34′，东经98° 40′～121° 41′，主要栽培分布区在北纬23°～30°，整个分布区跨18个省区，垂直分布多在海拔400～800 m，随纬度、经度和地貌不同而有差异。分布区范围属中亚热带湿润季风气候区，水热条件丰富。

二、油茶的价值

（一）经济价值

油茶与油棕、油橄榄和椰子并称为世界四大木本食用油料植物。茶油的主要成分是油酸，不饱和脂肪酸含量高达90%，是一种营养价值很高的优质食用油。其中对人体有益、优质安全的不饱和脂肪酸——油酸含量高达83%，远高于花生油、菜籽油，甚至橄榄油。油酸不易在人体内氧化沉积，不会增加血液中的胆固醇浓度，可以有效地防治心血管疾病，降低血栓血脂的形成，促进血液循环，调节人体机能等。茶油中的亚油酸和亚麻酸的比例符合人体所需，这是其特有的优良特性。茶油与其他植物油相比不含芥酸和三愈酸，也不含黄曲霉毒素；茶油富含甾醇、生育酚、角鲨烯等生理活性物质，甾醇能抑制人体对胆固醇的吸收；生育酚是生物体内重要的抗氧剂，有利于提高茶油的营养保健功能和氧化稳定性；角鲨烯能预防动脉粥样硬化，可治疗或辅助治疗高脂血症，降低乳腺癌的发生率。茶油中还含有橄榄油中不具有的特殊成分山茶苷和茶多酚等。

茶油还可以作为药用油和化妆品用油。《本草纲目》《中国医药大典》记载，茶油性偏凉，具有清热、消炎止痒、清胃润肠的功效，还具有抗菌、抗炎、软化血管延缓动脉粥样硬化、调节免疫功能、增强肠胃吸收功能等功效。茶油可加工为药膏、药丸，也可用于治疗烫伤、烧伤以及防治皮肤病。

1. 油茶饼粕的综合利用

油茶饼粕中含有茶皂素、茶籽蛋白、茶籽多糖等，它们都是化工、轻工、食品、饲料工业产品等的原料。

茶皂素：茶皂素可用来生产乳化剂、农药助剂、纺织助剂、油田泡沫剂以及加气混凝土稳泡剂与混凝土外加剂、防冻剂等。

生产饲料：发酵后的油茶饼粕含有多种氨基酸、维生素、酶等，经过发酵的油茶饼粕是优良的饲料原料。

提取蛋白：油茶饼粕中蛋白质含量在16%以上，由17种氨基酸组成，其中的8种氨基酸是人体所必需的，茶籽蛋白作为营养强化剂广泛应用于蛋白饮料、焙烤食品、冲调食品等的制作中，并可作为发酵工艺的蛋白质原料生产酱油等食品。

提取茶籽多糖：油茶饼粕的糖含量不低于40%。茶籽多糖主要由阿拉伯糖、半乳糖、甘露糖、葡萄糖、鼠李糖、木糖这6种单糖组成，这些糖类对人体而言是有益的因子。

油茶饼粕具有肥效好的特点，可直接在农田和茶园中作为绿色肥料施用。粉碎后可与秸秆混合作为食用菌的培养料，促进食用菌生长，提高其鲜美度。

2. 茶籽果蒲（壳）的开发利用

可用于生产糠醛和木糖醇，制作活性炭、栲胶，制碳酸钾等。

（二）社会价值

油茶是一种常绿、长寿树种，适应性强，能耐干旱瘠薄，一次种植，收获期长达100年以上，是我国南方低山丘岗红壤大边区的先锋造林绿化树种。油茶冬春季开花，花色浓艳，尤其是普通油茶，在少花的秋冬季开放，既是美丽的观赏植物，又是重要的蜜源树种。油茶还是优良的防火树种。发展油茶，既能调整农业产业结构，增加农民的经济收入，提供优质保健油源，满足人民日益增长的需求，又可提高低山丘陵区的森林覆盖率。同时，油茶林还具有美化环境，净化空气，调节气候，保持水土，涵养水源等多种生态效益，是生态效益、社会效益和经济效益俱全的树种，符合可持续发展的需求。

我国已成功选育出一大批亩*均产油量达到50千克以上的优良高产新品种

注：亩为非法定计量单位，但为方便阅读理解，本书仍用亩，1亩≈666.7平方米，15亩=1公顷。

（系），研究形成了配套的高产栽培技术。国家和地方政府制定了油茶产业发展规划，油茶适生区发展油茶产业的时机和条件已经成熟。在我国南方油茶主产区江西、湖南、福建、广西、浙江、广东等省（自治区），人均耕地面积已经接近或低于联合国规定的耕地警戒线（0.8 亩），种植油茶以缓解食用油供需矛盾非常必要。山区种植油茶，不与粮争地，全国 14 个油茶主产省（自治区）现有 2.6 亿亩宜林地，有相当一部分适宜种植油茶，发展潜力十分巨大。油茶亩产油量≈ 2.3 亩大豆产油量≈ 1.15 亩油菜产油量。增加山地油茶林的种植，可以置换出更多的耕地用来种植粮食，这不仅能增加食用植物油供给，而且对于稳定粮食种植面积，维护粮食安全也具有重要作用。

目前，中国食用油消费主要是豆油、菜籽油等低档油品，高档保健食用油消费比例很低。在欧美等发达国家，食用橄榄油已逐渐成为习惯。茶油号称“东方橄榄油”，是中国的特产。大力发展油茶产业，提供品质优良的茶油供应市场，有助于改善国民食用油消费结构，提高国民身体素质。

（三）保障国家食用油安全

由国务院批准，国家发展和改革委员会、财政部、原国家林业局联合发布《全国油茶产业发展规划（2009—2020 年）》（以下简称《规划》）。标志着油茶产业已上升为国家战略性产业，将油茶作为食用油已经上升为国家安全战略。《规划》是贯彻落实党中央、国务院战略决策，推进油茶产业发展的重大举措，对于保障国家食用油安全、解决耕地资源刚性短缺、促进农民增收就业以及加速国土绿化等都具有重要意义。

《规划》提出，到 2020 年，我国油茶种植总规模达到 7000 万亩，全国茶油产量达到 250 万吨，年产值达到 1120 亿元。油茶产业将成为我国最具财富效应的朝阳产业。

广西也颁布了《广西油茶产业发展规划（2010—2020 年）》。到 2020 年，广西在现有油茶林面积 550 万亩的基础上，新造油茶林基地 650 万亩（含建设油茶高产示范基地 100 万亩），使广西油茶种植面积达到 1200 万亩；同时，对现有油茶低产林进行更新改造 350 万亩、抚育改造 150 万亩、嫁接换冠改造 35 万亩，保存现有油茶高产林 15 万亩。任务完成后，新造油茶高产示范林年亩产油量达 40 千克以上，通过更新改造、嫁接换冠和新造油茶基地林年亩产油量达 30 千克以上，抚育改造的油茶林年亩产油量达 25 千克以上，广西油茶籽年产量达145万吨以上，年产茶油36万吨以上。实现油茶产业年产值200亿元以上、年创税20亿元以上、年创利润45亿元以上，从业人员达36万人以上。

2020年，是我国全面建成小康社会的关键时期，也是我国发展的重要战略机遇期。我们应把握历史机遇，突破发展瓶颈，把油茶产业建设成为促进山区农民增收致富和改善山区生态环境的重要产业，让《规划》变成现实。

三、丰产栽培技术

（一）苗木培育

1. 实生苗培育

圃地选择：宜选择地势平坦、避风向阳、质地肥沃、保水与排水性能良好的新垦坡地，pH值5.5～6.5的砂质壤土。不宜选择高湿、排水不良、黏重板结或干燥的沙土。

整地：播种前一年的秋冬季节将土壤深翻1次，犁耙1次，精耕细作，施足基肥。若用熟地做苗圃，播种前必须进行土壤消毒。

播种季节：冬季或春季。初冬翻耕圃地后，均匀施入腐熟厩肥，耙碎作畦。冬播需防鼠害。春播前浸种2～3天，沙床催芽20～30天，待种子露白后播于圃地。

播种方式：采用条状点播，株行距8 cm × 15 cm，每亩用种子75～100 kg。播后覆土厚1.5～2.0 cm，稍加镇压。

苗木管理：播种后覆盖上一层薄草，保持土壤的湿润。种子发芽出土后，在阴天或者是傍晚的时候揭开薄草，并及时除草和松土。苗高10 cm左右施1次速效氮肥（0.5‰），长出3～5片真叶时用铁铲在地表下10～15 cm呈45°斜插切断主根，以促使侧根生根，然后施复合肥（1‰）。春雨期用半量的波尔多液防治叶软腐病；高温多雨季节用1‰托布津防治叶炭疽病。

2. 扦插苗培育

苗床准备：选择通风、水源供给方便的地方做成苗床，宽1 m，高

20～25 cm，床面铺2∶1的新鲜黄泥混沙3～4 cm作为扦插层，用0.1%的高锰酸钾溶液喷洒消毒1～2天后再扦插育苗。

穗条采集：插穗选取中壮龄优良品种、优良无性系树冠中上部外围，粗壮通直、腋芽健全、叶片完整的1年生以内的春梢、夏梢做插穗，当年生刚木质化的春梢为最好。采下的穗条应避光保湿，用脱脂棉包裹基部浸水保湿，运输中要防止穗条挤压、发热，放置阴凉处保存。

扦插育苗：插穗长3～5 cm，带1～2片完整叶。削穗时用单面刀片从腋芽上方2 mm左右处呈45°切断，穗的基部末端切口削成斜面，切口要平滑，不能伤芽、叶。削穗的过程要保湿，防止风吹日晒。扦插时间以夏、秋季为宜，夏季最好。扦插前用ABT生根粉对插穗进行处理，扦插时要保证插穗直立、叶面朝上，株行间距为5 cm×15 cm左右，扦插完成后浇透水保湿。

苗木管理：扦插完毕后搭棚遮阴，遮阴度在80%～85%。插穗在扦插之后1～2个月逐渐愈合发根，在插穗发根前，必须保持充足供水，加速内部细胞的分裂活动，促其尽快萌发新根。插穗发根后，在早晚或阴天的时候揭开遮阴棚，增加光照，促进扦插苗生长和发育。

3. 嫁接苗培育

圃地选择：选择交通方便，地形平坦，光照充足，易于排灌的酸性红壤、黄壤作为圃地。当年12月或次年1月开始圃地清理，每亩施石灰50 kg、复合肥50 kg并深翻整地，嫁接前1周开始做苗床，苗床宽1 m，要求床面平整，土壤疏松，苗床做好后，覆盖一层黄心土。

架设遮阴棚：棚高1.7 m左右，遮阴度春季70%～75%，夏季80%～85%。遮阴棚架设后，将苗床用塑料薄膜覆盖，防止雨水冲刷，保持床地疏松，干湿适宜。

培育砧木：选出大粒的普通油茶或越南油茶种子（380～440粒/kg），消毒处理后用湿沙贮藏催芽，待胚芽长到3～4 cm时作为砧木嫁接。

嫁接方法：春、夏季嫁接，采用芽苗砧嫁接法。削砧：将砧木挖出后洗去泥沙，在子叶上方2 cm处切断，去掉生长点，然后于切口处纵切一刀，将砧木劈成两半，切口深1.2～1.5 cm。削穗：穗条随采随接，接芽下方两侧各削一刀，将下端削成楔形，长1.2 cm，再将上端齐芽尖削断，接穗保留1叶1芽，春接留半叶或全叶，夏接留全叶。嵌穗与捆扎：将削好的接穗插入砧木切口中，使其形成层相接，然后用皮条在接口处包紧，再将芽砧的主根切去1/3。

栽植：将嫁接好的苗木栽入苗床，每亩栽植6万株，栽后淋透定根水。

苗木管理：嫁接后20天左右开始除萌，并除去杂草和死亡的单株，除萌去杂工作一直延续到9月。嫁接后1个月左右是苗愈合的关键时期，低温阴雨会造成苗木愈合困难，应及时清沟排水。如遇高温干旱，则应增加遮阴度，减少光照，及时喷灌，降低圃地温度。苗木移栽半个月后喷施2～3次磷酸二氢钾，可防止圃地白绢病、根腐病、地老虎。苗木嫁接40天左右，接苗已成活，可去除塑料薄膜的覆盖，白露节气后可拆去遮阴棚。为提高苗木质量和造林成活率，在第二年5月上旬春梢接近停止生长时，采取摘心定干措施，促进苗木分枝，根系发达。

4. 容器苗培育

容器育苗是指用营养袋装入营养土进行苗木繁育的育苗方法。采用容器苗造林，方便运输，可以延长造林季节，缩短缓苗期，提高造林成活率，是现在最常用的育苗方法。

营养袋选择：选择成本低，育苗操作方便，保水性能好，浇水、搬运不易破碎的塑料薄膜容器、硬塑料杯、网袋容器等，营养袋规格为10 cm×15 cm。

育苗基质：用于培养实生苗和嫁接苗的基质，可选择肥沃的表土60%～70%＋火烧土20%～30%＋过磷酸钙3%，或黄心土50%～60%＋腐殖质土20%～30%＋腐熟有机肥10%～20%＋过磷酸钙3%。用于扦插苗育苗的基质，宜选择新鲜的黄心土，或选择10%新鲜河沙＋90%新鲜黄心土。基质的粗细度应小于1 cm。基质的pH值应调节到5.0～6.0，调高pH值用草木灰或者生石灰，调低pH值用硫黄粉、硫酸亚铁等。

圃地选择：选择地势平坦，背风向阳，距离造林地近，运输方便，有水源灌溉条件，排水良好，便于管理的地方。山地选择通风良好，阳光较充足的半阴坡或半阳坡。

整地做床：将苗圃地上的杂草杂灌清理干净，划分苗床与步道，苗床高10 cm，宽1 m，苗床长度依地形而定，一般不超过10 m，步道宽40 cm。

装袋摆杯：将营养基质用水湿润，以手捏成团、摊开即散为度，将营养基质均匀地装入营养袋中，填满装实，以装平营养袋口为宜。将装满基质的营养袋杯整齐紧密地排放在苗床上，苗床周围用土培好，用细土将营养袋杯之间的空隙填实。

栽植管理：提前1天对装好营养土的营养袋用0.1%的高锰酸钾溶液进行

消毒。若培育实生苗，参照上述实生苗培育方法进行栽植管理；若培育扦插苗，参照上述扦插苗培育方法进行栽植管理；若培育嫁接苗，参照上述嫁接苗培育方法进行栽植管理。育苗期间发现营养袋内的基质下沉，要及时添加基质，防止苗木根部裸露。

炼苗：用于秋季补植、冬季或次年春季造林的容器苗，要在出圃前 1 ～ 2 个月进行炼苗选苗；用于雨季造林的容器苗，要在出圃前 1 ～ 2 周进行炼苗选苗。

5. 苗木质量

良种确认：油茶良种是指经过国家或省级林木品种审（认）定委员会审定的优良品种、优良无性系和优良家系。

接穗确认：油茶芽苗砧嫁接的接穗是经过国家或省级林木品种审（认）定委员会审定的良种。

芽苗砧嫁接苗鉴别：1 年生油茶嫁接苗嫁接口痕上部长出 2 个枝或芽，是嫁接成活的接穗的枝和芽；嫁接口上侧面长出的粗壮芽苞，枝、芽下有一片不完整的切口叶紧相连靠，芽苞或枝条长出的角度小于不完整的切口叶的角度，是良种接穗苗。嫁接苗无嫁接口痕，肯定是实生苗；嫁接苗只有单面嫁接口痕，是假苗；嫁接的接穗未活，嫁接口痕或痕口以下长出的枝、芽为假苗；1 年生油茶嫁接苗嫁接口痕上有 2 个以上的侧枝或芽子，而且苗干细长直立，叶形、叶脉、叶齿、叶的大小与接活的穗条所长出的枝、叶、芽有明显差异的，为除杂未净的半假苗，又称萌芽苗。

苗木合法身份确认：油茶良种壮苗必须有“四证一签”的合法身份证。即《良种苗木生产许可证》，由省级林木种苗管理站发放；《良种苗木经营许可证》，由省级林木种苗管理站发放；《良种苗木质量合格证》，由省级林木种苗管理站授权的良种苗木所在地的林业行政主管部门发放；《林木良种植物检疫证》，由省级森林植物检疫管理站授权的良种苗木所在地的林业行政主管部门发放；《种子（苗木）标签》，其嫁接穗条标签由省林木种苗管理站审定的油茶采穗圃发放；嫁接苗木标签由省级林木种苗管理站审定的油茶育苗苗圃发放。

合格苗出圃：油茶造林使用合格的良种壮苗，提倡容器苗造林。①实生容器苗出圃标准。1 年生苗高 20 cm、地径 0.3 cm 以上，2 年生苗高 40 cm、地径 0.4 cm 以上，根系发达，苗木充分木质化。②扦插容器苗出圃标准。1 ～ 2 年生苗高 20 cm、地径 0.3 cm以上。③嫁接容器苗出圃标准。春季芽苗砧嫁接苗，0.5

年生苗高 10 cm、地径 0.2 cm 以上，1 年生苗高 20 cm、地径 0.3 cm 以上。

（二）造林技术

1. 林地选择

油茶是喜酸性树种，宜在 pH 值 5.0 ～ 6.5 的土壤中生长。铁芒箕、映山红、乌饭树、盐肤木、白茅等酸性土指示植物生长繁茂的缓坡、低山丘陵，土层深厚的酸性至微酸性的黄壤、红壤、黄棕壤或赤红壤，可作为油茶的造林地。

油茶进入结果盛期后，营养生长与生殖生长都很旺盛，对阳光的需求十分强烈，如光照不足，对油茶产量影响极大。因此，造林地必须选择阳光充足的阳坡和半阳坡，特别是地处峰峦重叠的山区，尤其要选择南向、东向或东南向的林地。

油茶需要中耕抚育，在各生长阶段需要对林地土壤进行不同程度的挖垦。坡度越大，挖垦将越加速水土的流失。因此为了保持水土，涵养水源，宜选择 25° 以下斜坡或缓坡的造林地。

2. 造林规划

依据不同的地区、地域和经营目的，选择适生的油茶优良品种（系），一个经营区域配置 1 ～ 3 个优良品种（系）。造林密度依据油茶品种特性、立地条件、经营目的等来确定，每亩栽植 60 ～ 120 株。规划好作业道路。

3. 整地挖穴

油茶整地方法有全垦整地、带状整地和块状整地 3 种，可根据林地条件、经营水平高低、劳力投入、生态环境保护等情况因地制宜选用。全垦整地适用小于 15° 的缓坡、不易造成水土流失的造林地，深挖 20 ～ 30 cm。坡度为 15 ～ 25° 的造林地，沿等高线进行带状整地，带宽 2 m，带内全垦。坡度较陡、坡面破碎的造林地则进行块状整地，整地后挖种植大穴，规格为 50 cm × 50 cm × 40 cm，将黄心土翻出，把表土和腐殖质土填回穴内。整地工作应在造林前的秋季、冬季进行，有利于土壤风化。

4. 施放基肥

结合种植穴填土施足基肥，每穴施有机肥（农家肥、草皮灰、腐熟麸肥）约 2.5 kg 或磷肥约 1.5 kg。基肥施放后与回填土充分混合均匀，再盖上一层土，种植穴填土应高于地面 20 cm 以上。

5. 苗木栽植

裸根苗应在 2 ～ 3 月油茶芽将萌动之前栽植，容器苗可以延长到 5 ～ 6 月。选择阴天或小雨天气栽植最为适宜。栽植时将回填土挖开，放入苗木后用细土回填，容器苗栽植要将塑料营养袋撕掉，苗木定植深度以超过原圃地根际 1.0 ～ 1.5 cm 为宜。栽植时坚持“三埋两踩一提苗”的原则，做到栽紧踏实。栽植后用松土将基茎部分堆成馒头形，防止雨季穴土沉陷积水，造成水渍死亡。

6. 幼林管理

幼林期为 1 ～ 5 年，幼林的管理主要是中耕除草和施肥，避免杂草与幼苗争光、水、肥，每年进行 2 次，第一次抚育在 5 ～ 6 月，第二次抚育在 8 ～ 9 月，浅垦抚育，结合第一次抚育进行施肥，每株施速效氮肥 25 ～ 50 g，有条件的可进行林间间种；其次是树型培养，在树高约 60 cm 时定干摘心，控制枝条延长，培养树冠紧凑，树形张开的丰产树型。

7. 成林管理

成林期一般从 6 年开始，油茶逐渐进入结果盛期，这是油茶经营最有价值的时期，要保证成年油茶高产稳产，垦复除草尤为重要。每隔 2 ～ 3 年在冬季深耕垦复 1 次，深 20 ～ 30 cm，次年夏季浅挖 1 次，深 10 ～ 15 cm。地势较平坦，坡度 15° 以下的油茶林可采用全垦；坡度 15° 以上的油茶林，沿等高线进行带状全垦，并用土埂做好保水、保土带工作。此外，应根据土壤肥力状况、树龄大小、树势强弱、结果大小年在垦复时进行合理施肥。

（三）低产林改造

油茶低产是油茶生产中一个很普遍的问题。传统生产上的以实生苗繁殖，品种混杂，良种率低，劣株比例大，株产差异大，很多油茶林生长了几十年，林分结构不合理，稀密不均，多代同堂，林分衰老残败等原因形成了油茶低产林。近期经营的油茶林也因投资少，管理粗放，没有及时施肥管护，病虫害严重，采收过早等因素形成了油茶低产林。对油茶低产林进行技术改造，是一条成本低、见效快、短期内能提高油茶产量的有效途径。

1. 抚育施肥改造

针对树龄在 40 年以下，适生立地条件好，林相整齐，优良品种类型优良率超过 50%，但每年茶油产量仅在 5 ～ 10 kg 的油茶林，以采用抚育施肥改造方法进行油茶低产林改造为佳。

（1）林地清理

对油茶林内灌木、杂草、寄主植物和其他混生的用材林、经济果木林进行彻底的伐除，对油茶林的老、残、病株也要一并砍掉。

（2）伐密补疏

对于过密的林分要坚决疏伐，越是疏伐得当的，增产效果越好。疏伐时伐除林下受压的小树，砍掉树体结构不合理的树，去掉不太结果或不结果的树，将郁闭度调整到 0.7 ～ 0.8 之间，使林分内保持合理的透光度。对稀林则进行补植，增加油茶林内良种率，提高单位面积的生产力。

（3）整枝修剪

以疏剪为主，修剪下部枝条，修枝亮脚，使树下较空，便于垦复、施肥、开沟等作业；因树制宜，剪密留稀，去弱留强，形成合理的树林结构；剪除所有寄生枝和病虫枝；结果枝宜疏剪、不宜短截；油茶林生长旺盛的大年要剪除部分结果枝，保证营养供给，防止生理落花落果，小年要保留结果枝，剪除特别细弱、交错、过密的结果枝；剪除着生过低，受光不足，着果率低的下垂枝；剪除油茶林结果初期的徒长枝，剪除着生于树干或其他枝叶上的徒长枝；剪除交叉枝、丛生枝和内膛枝，形成合理的树体结构，改善林内通风透光条件。

（4）深挖垦复

油茶垦复，能大大促进油茶的生长发育，成倍地提高产量。冬季深挖，夏季浅挖，冠外深挖，冠内浅挖。深挖方法为翻大块、底朝天，将土块翻过来，深度在 20 ～ 30 cm，浅挖为深度在 10 ～ 15 cm 的翻挖。地势较平坦，坡度在 15° 以下的油茶林可采用全垦；坡度在 15° ～ 25° 的油茶林，沿等高线进行带状全垦，垦复带宽 1 m 左右，并用土埂做好保水、保土带工作；坡度在 25° 以上较陡的油茶林可采用穴垦，围绕油茶植株树冠周围投影处进行深挖垦复，一面挖土一面培根，将杂草灌木埋入植株树盘内。垦复有利于枯枝落叶等掉落物深埋腐烂，有利于杂灌根系翻晒枯死。坚持 3 年一深挖、1 年一浅锄，才能获得好的增产效果，第一年冬季深挖后，第二年夏季一定要浅锄 1 次，才能有效控制杂草，疏松土壤。

（5）合理施肥

结合深挖垦复，合理施肥是大幅度提高油茶产量的关键技术措施。施肥原则：大年以磷肥、钾肥为主，小年以氮肥为主；秋季、冬季以有机肥为主，春季、夏季以速效肥为主；大树多施，小树少施；丰产树多施，不结果或者结果少的树少施或不施；生长势强的树少施氮肥，多施磷肥、钾肥，生长势弱的树要多施氮肥；立地条件好、生长势强的林分多施磷肥、钾肥，立地条件较差、生长势弱的林分多施氮肥。每亩施肥量为磷肥 50 kg、钾肥 15 kg 或氮肥 20 kg 或复合肥 50 kg。在上坡沿树冠投影地开半圆形环沟进行施肥，沟宽约 25 cm、深约 15 cm，施后再覆土。

2. 换冠嫁接改造

针对树龄在 40 年以下，适生立地条件好，林相整齐，植株生长旺盛，但低劣品种类型栽植植株超过 50%，常年茶油产量仅在 5 kg 左右的油茶林，采用嫁接换冠改造方法进行油茶低产林改造为佳。最常用的是高接换冠法，即采用通过国家和省级林木品种审定委员会审（认）定的优良无性系穗条对低产油茶林进行换冠嫁接改造。

3. 更新改造

针对树龄在 50 年以上，适生立地条件好，但林相不整齐，植株生长残败，常年茶油产量仅在 5 kg 左右的油茶林，采用更新改造方法进行油茶低产林改造为佳。常用的方法有以下几种。

（1）良种造林更新：用良种壮苗预先栽植在低产油茶林中，等待新栽植的优良油茶林开始结果投产，再分期分批砍除老残的植株，更新改造成高产油茶林。

（2）复壮更新：截杆更新，在冬春季节，将老、弱、残的油茶树离地 10 ～ 20 cm 处锯断主干，待其萌芽后培养新的结果树冠，用萌芽林进行更新改造成高产林。

（3）回缩更新：在冬春季节，将生长衰弱的油茶树骨干枝条剪除，使树冠缩小，重新发梢，恢复树势。

（4）露骨更新：在冬春季节，将老、弱、残油茶树的枝条全部砍除，仅保留主杆和副主枝，树冠内不留枝叶，将骨干枝全部暴露在外面，待其萌发新枝恢复树冠。

（四）病虫害防治

1. 主要病害及防治

油茶病害有 20 多种，主要有炭疽病、软腐病、烟煤病、白星病、灰斑病、黑斑病、藻斑病、疮痂病、根腐病等。油茶病害应以林业技术防治为主，加强林分经营管理，清洁林内环境，保持林内通风透光，降低林内湿度。发病期间应增施磷肥、钾肥，提高植株抗病性，不宜施氮肥。病区油茶林在早春抽生新梢后，喷撒 1% 波尔多液进行保护，防止病菌侵染。发病初期可用 50% 托布津可湿性粉剂 500 ～ 800 倍稀释液或波美 0.3 度的石硫合剂进行防治。苗期的春季、夏季可进行喷雾 1% 波尔多液预防，发病早期可用多菌灵防治，也可用代森锰锌可湿性粉剂及 25% 苯菌灵乳剂 1000 ～ 1500 倍喷雾防治。

2. 主要虫害及防治

油茶虫害有 50 多种，主要有油茶尺蛾、油茶毒蛾、茶用克尺蛾、幻带黄毒蛾、半带黄毒蛾、茶斑蛾、黄点带锦斑蛾、野茶带锦斑蛾、南大蓑蛾、茶大蓑蛾、褐蓑蛾、蜡彩蓑蛾、广西灰象、茶二叉蚜、黄茶蓟马、油茶枯叶蛾、油茶宽盾蝽、吹绵蚧、白蛾蜡蝉、蚜虫、麻皮蝽、岱蝽、茶籽象甲、蓝绿象、阔边梳龟甲、山茶片盾蚧、星天牛、同型巴蜗牛、丝脉蓑蛾、茶堆沙蛀蛾、油茶织蛾、油茶褐刺蛾、茶天牛等。林业防治措施主要为夏铲冬垦灭蛹、灭幼虫，人工捕捉和灯光诱蛾；招引益鸟捕食害虫；施用白僵菌、苏云金杆菌，让害虫感病死亡等生物防治措施。药物防治可在虫害发生初期或在虫害大发生成灾时使用。

四、油茶果采收和处理

油茶果在 10 月上旬逐渐成熟，霜降期间便可以采摘。果实成熟的标志为果皮光滑，色泽变亮，果皮红中带黄，呈现油光，果皮茸毛脱尽，果基毛硬而粗，果壳微裂，用手掰开果皮，种壳呈深黑色或黄褐色，有光泽，种仁白中带黄，呈现油亮。完全成熟的种子，出油率高，茶油酸价含量降低。油茶果采摘后，堆放 5 ～ 6 天，促进油茶果后熟，然后摊晒，并适时翻动，促进果实开裂，去杂收籽，油茶籽继续翻晒 10 ～ 12 天后，储藏于通风干燥的仓库内待榨。储藏 1 ～ 2 个月的油茶籽含油量将达到最高。

第二章　广西油茶栽培区域

一、油茶栽培区域划分

二、油茶产业区划分

广西现有油茶种植区域主要分布在11个市74个县（市、区），其中，种植面积大于10万亩的县（市、区）有18个，种植面积在5万～10万亩的县（市、区）有10个，种植面积在1万～5万亩的县（市、区）有11个，种植面积小于1万亩的县（市、区）有35个。

一、油茶栽培区域划分

按照全国及广西油茶栽培分布与立地分类，广西油茶栽培区域划分为三个区域。

（1）南部

主产地有容县、邕宁、大新、陆川、博白、北流、合浦、浦北、灵山、钦州、防城、扶绥、宁明、龙州、武鸣、隆安、天等、靖西、宾阳等县（市、区），主栽越南油茶，适栽品种为普通油茶。

（2）中部

主产地有隆林、西林、乐业、凌云、田东、田阳、田林、那坡、德保、平果、马山、上林、桂平、平南、藤县、岑溪、苍梧、昭平、蒙山、钟山、鹿寨、金秀、象州、武宣、柳江、忻城、宜山、都安、东兰、巴马、凤山等县（市、区），主栽品种为普通油茶（中果），可推广岑溪软枝油茶、玉凤油茶、孟江油茶、三门江中果油茶等优良农家品种中的红球、黄球类型。

（3）北部

主产地有富川、阳朔、柳城、罗城、荔浦、南丹、天峨、永福、临桂、灵川、龙胜、兴安、灌阳、恭城、平乐、全州、资源、三江、融安、融水、环江等县（市、区），主栽品种为普通油茶，适栽品种为小果油茶。

二、油茶产业区划分

根据现有油茶种植规模、良种选育基础和近期良种种苗供给能力，以及林地优劣、可供程度等条件，以油茶栽培区划为依据，结合广西油茶资源现状和栽培区域特点，充分考虑各地经济社会条件，以及集约化、产业化、规模化、标准化要求，进行油茶产业发展建设布局，将广西油茶产业发展规划建设布局确定为核心栽培区、适宜栽培区和一般栽培区。广西油茶产业建设优先布局在核心栽培区和适宜栽培区，一般栽培区可视条件适当开展油茶产业建设。

（1）核心栽培区

包括桂林市的平乐、龙胜、荔浦、阳朔、恭城、兴安、全州、临桂、资源、灌阳、永福、灵川，柳州市的三江、融安、融水、鹿寨、柳江、柳城，百色市的右江、凌云、田林、隆林、那坡、田阳、西林、田东、德保、乐业、靖西，河池市的巴马、凤山、东兰、天峨、罗城、环江、宜州、南丹、金城江，贺州市的昭平、八步、富川、平桂、钟山，梧州市的蒙山、藤县、苍梧、岑溪、万秀等 48 个县（市、区）。

（2）适宜栽培区

包括来宾市的金秀、象州、武宣、兴宾，河池市的都安，南宁市的宾阳、上林、横县，崇左市的宁明、大新、龙州，钦州市的灵山、钦北、钦南，防城港市的防城、上思，玉林市的容县、北流、兴业、福绵，贵港市的桂平、港南、港北、平南等 24 个县（市、区）。

（3）一般栽培区

包括百色市的平果，河池市的大化，来宾市的忻城、合山，南宁市的马山、隆安、武鸣，钦州市的浦北，崇左市的天等、江州、扶绥、凭祥，玉林市的陆川、博白，北海市的合浦等 15 个县（市、区）。

第三章　广西油茶产业发展情况

一、面积分布情况

二、产量分布情况

三、产品加工情况

四、产业发展情况

一、面积分布情况

广西是我国油茶重点产区之一，据不完全统计，截至2015年底，广西油茶林总面积491万亩，其中6个油茶主产区中，百色市油茶面积155万亩，柳州市油茶面积103万亩，河池市油茶面积91万亩，贺州市油茶面积55万亩，桂林市油茶面积51万亩，梧州市油茶面积13万亩，6个油茶主产区的油茶林面积合计468万亩，占广西油茶林总面积的95%以上。

广西油茶高产林面积合计为51万亩，占广西油茶林总面积的10%；6个油茶主产区，百色市高产林面积13万亩，柳州市高产林面积11万亩，河池市高产林面积10万亩，贺州市高产林面积2万亩，桂林市高产林面积7万亩，梧州市高产林面积4万亩。6个油茶主产区的油茶高产林面积合计47万亩，占广西油茶高产林总面积的92%以上。

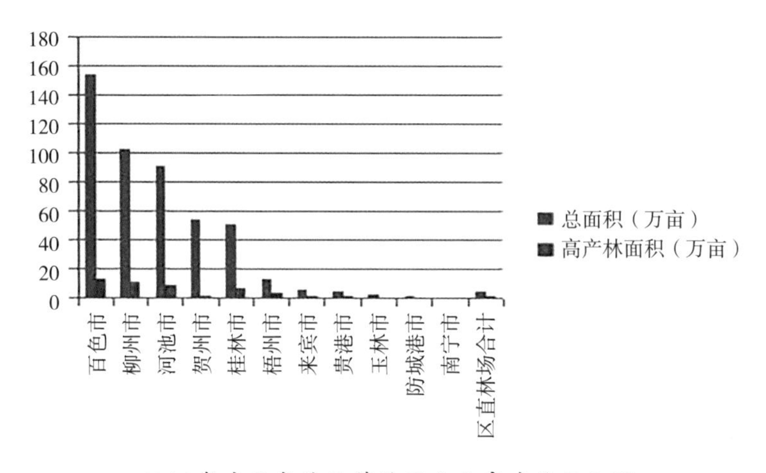

2015年广西各地油茶林面积和高产林面积图

二、产量分布情况

据统计，2014年广西油茶籽产量17.2万吨，其中百色市产4.6万吨，柳州市产2.7万吨，河池市产3万吨，贺州市产2.7万吨，桂林市产2.7万吨，梧州市产 1.0 万吨，6 个主产区产量占广西油茶籽产量 97% 以上。

2015 年广西油茶籽产量 19.3 万吨，其中百色市产 5.5 万吨，柳州市产 3.0 万吨，河池市产 3.3 万吨，贺州市产 2.8 万吨，桂林市产 3.0 万吨，梧州市产 1.0 万吨，6 个主产区产量占广西油茶籽产量 96% 以上。

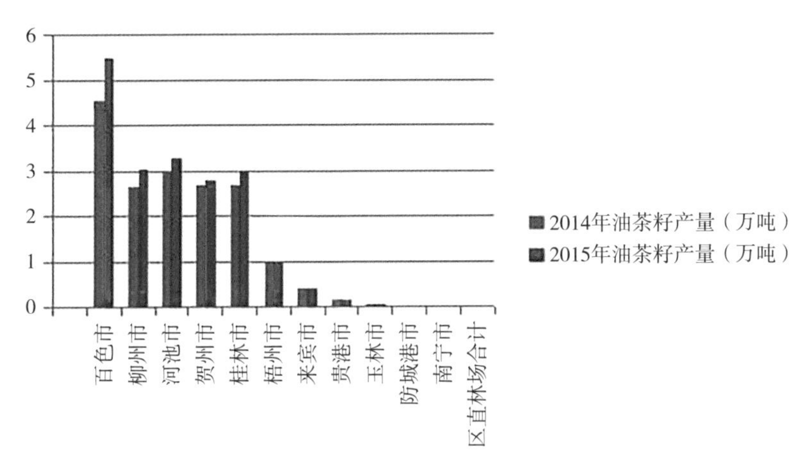

2014 年、2015 年广西各地油茶籽产量图

2014 年广西茶油产量 4.2 万吨，其中百色市产 1.2 万吨，柳州市产 0.6 万吨，河池市产 0.8 万吨，贺州市产 0.6 万吨，桂林市产 0.6 万吨，梧州市产 0.2 万吨，6 个主产区产量占广西茶油产量 95% 以上。

2015 年广西茶油产量 4.7 万吨，其中百色市产 1.4 万吨，柳州市产 0.6 万吨，河池市产 0.9 万吨，贺州市产 0.6 万吨，桂林市产 0.7 万吨，梧州市产 0.2 万吨，6 个主产区产量占广西茶油产量 93% 以上。

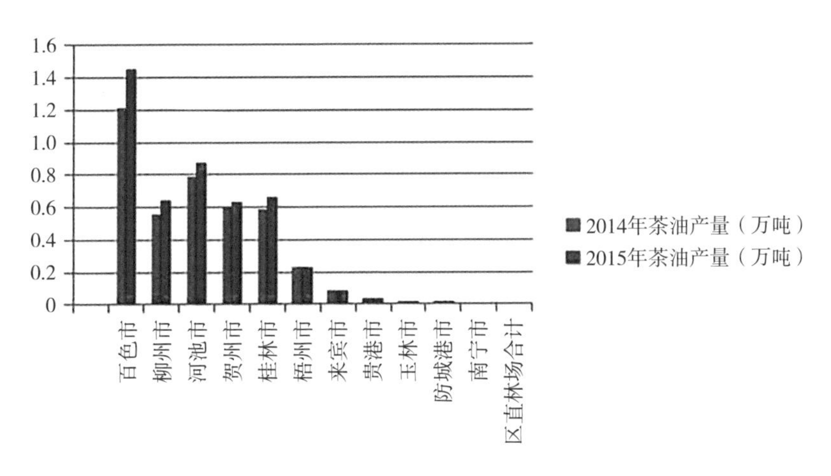

2014 年、2015 年广西各地茶油产量图

三、产品加工情况

据不完全统计，广西油茶加工企业有 110 多个，年均茶油生产能力超过 18 万吨，精炼油生产能力超过 10 万吨。企业建立油茶基地面积近 30 万亩，油茶合作社 280 多个，经营油茶林面积 37 万多亩，种植大户 590 多个，种植面积 27 万多亩。有规模以上油茶加工企业 6 家，茶油年加工生产能力达 5 万多吨，其中规模以上油茶加工企业年加工生产能力接近 4 万吨，年均产值超过 30 亿元，占广西茶油年加工生产能力 70% 以上。

四、产业发展情况

油茶种植面积绝大部分呈零星分散，规划成片种植面积所占比例小；优良品种推广力度还不够，推广率不高，树龄老化，产量低；投入不足，建设资金缺口大；产业化程度不高，市场开拓力度不够，产品竞争力有待加强；精深加工滞后，资源综合利用率低；科技支撑能力不足；产业虽有规模，有产品，但品牌效应不大。

第四章　广西油茶品种

一、广西油茶主要栽培品种

二、广西油茶种子园良种

三、广西油茶优良无性系和优良家系

四、广西油茶优良地方农家品系

一、广西油茶主要栽培品种

广西主要栽培的油茶品种有普通油茶、小果油茶、香花油茶、宛田红花油茶、广宁红花油茶、陆川油茶、南荣油茶、博白大果油茶、金花茶等。

1. 普通油茶（*Camellia oleifera* Abel）

又名油茶、中果油茶、茶油树等。常绿小乔木或大灌木，树高 2 ～ 4 m。树皮灰褐色或淡黄褐色，1 年生新梢被淡褐色或灰色短毛。顶芽 1 ～ 3 个，花芽紫红色，较为饱满，叶芽居中细长、黄绿色。单叶，互生，革质，短柄，椭圆形或卵形，长 3.5 ～ 9.0 cm，宽 2 ～ 4 cm，先端渐尖或钝尖，叶齿密，幼叶齿端有黑色骨质小刺，表面光滑，腹面绿色，背面浅绿色，中脉突起，1 年生叶柄有较密的灰白色柔毛。花两性，顶生或腋生，白色，花瓣 5 ～ 7 片，雄蕊 2 ～ 4 轮排列，花丝、花药黄色，柱头 3 ～ 5 裂，略膨大，子房 3 ～ 5 室，密被银灰色或淡褐色绒毛。在南宁 10 月下旬始花，11 月中旬盛花，12 月下旬末花。蒴果球形、桃形、橄榄形等，幼果青色被毛，未熟果绿色，成熟果浅赭色或浅黄色，长 2.8 ～ 3.5 cm，直径 3 ～ 4 cm，3 室，稀 4 室，每室有 1 ～ 4 粒饱满种子，每个果实有种子 1 ～ 20 粒，大多数为 4 ～ 8 粒。种子三角状圆形、棱状椭圆形、不规则形，长 15 ～ 22 mm，直径 10 ～ 20 mm，茶褐色、褐色或黑色，种仁白色或淡黄色。在南宁翌年 10 月下旬为果实成熟始期，11 月上旬为果实成熟盛期，11 月上旬至 12 月上旬为种子脱落期。

普通油茶

普通油茶鲜果出种率 28%，千粒重 1500 g，种仁含油率 30% 以上。

普通油茶适应性广，主要在北纬 18° 21′ ～ 34° 34′，东经 98° 40′ ～ 121° 40′ 内分布，我国长江流域以南各地，日本均有分布，湖南、江西、广西是中心产区。油茶是我国木本油料的主栽物种。普通油茶幼年耐阴，成年结果树喜光，适宜生长在海拔 300 m 以下的南坡、东南坡，坡度 30° 以下的丘陵山地。喜生长于酸性红壤、黄壤上，土壤 pH 值 4.5 ～ 6.5，在酸性沙质土上也可生长。适宜的年均气温为 17 ～ 21℃，最冷月最低气温为 3℃，最热月最高气温为 31℃。适宜的年均降雨量为 1000 ～ 2200 mm，相对湿度 75% ～ 85%。普通油茶为深根性树种，要求种植地土层较为深厚，土层厚度 30 ～ 40 cm，生长良好。

2. 小果油茶（*Camellia meiocarpa* Hu.）

又名钝叶短柱茶、江西子、小茶、鸡心子等。常绿小乔木或灌木，树高 2 ～ 3 m。树皮褐色，1 年生新梢灰褐色，被细毛，细长，与老枝的分枝角度小，为 30 ～ 45° ，枝条节间短，数量多。顶芽 1 ～ 3 个，多数 1 个，顶芽、叶芽的苞片为绿色或浅绿色，花芽黄绿色，密被灰白色细毛，较为饱满，叶芽细长、黄绿色。单叶，互生，革质，近无柄，椭圆形或短卵圆形，长 2.5 ～ 5.5 cm，宽 1.0 ～ 2.2 cm，表面光滑，腹面暗绿色，背面青绿色，中脉突起。先端钝尖，锯齿浅而细，叶面主脉上有暗灰色细毛，有苦味。花两性，顶生，白色，花冠平展，花径 2.5 ～ 4.0 cm，花瓣 5 ～ 8 片，倒披针形，先端一般浑圆，少数凹裂，花瓣与雄蕊分离，雄蕊 2 ～ 3 轮，花丝彼此分离，花瓣脱落以后，雄蕊长期留存，花丝淡黄色，花药黄色，柱头 3 浅裂，淡褐色，子房 3 室。在南宁 10 月下旬始花，11 月中旬盛花，12 月下旬末花。未熟果绿色，成熟果浅赭色、浅黄色、红色或青黄色，果皮极薄，球形、桃形、倒卵形近橄榄形，长 2.0 ～ 2.7 cm，直径 1.6 ～ 2.5 cm。中轴贴在果皮上，每果有种子 1 ～ 3 粒，种子圆球形或半圆形，直径 11 ～ 21 mm，深褐色，种仁白色或淡黄色。小果油茶与普通油茶比较，明显果小、叶小、芽小，芽苞片没有毛。在南宁翌年 10 月下旬果实成熟始期，11 月上旬果实成熟盛期，11 月中旬至 12 月上旬为种子脱落期。

小果油茶（叶航提供）

小果油茶鲜果出种率 50%，千粒重 1800 g，种仁含油率 40% 以上。

小果油茶适应性广，主要分布在

广西、广东、湖南、湖北、江西等省（自治区）的局部地区，主要用途为油料和薪柴，是我国目前木本油料栽培面积与产量仅次于普通油茶的栽培品种。小果油茶的出籽率、含油量高于普通油茶，但是产量不及普通油茶。小果油茶地域性较广，抗油茶炭疽病较强，多生长在海拔较高山区，在中亚热带的中、高山区造林，5～6年后可开花结果，盛果期长达30～40年。常和普通油茶生长在一起。在南亚热带，年均气温在22℃以上地区，小果油茶生长发育不良。在北亚热带南部，能正常生长，开花结果。

3. 香花油茶（*Camellia osmantha* Ye CX，Ma JL et Ye H）

又名义安油茶。常绿小乔木或灌木，树高2～5 m。树皮灰色、浅棕色或棕褐色，1年生新梢被灰色短毛。顶芽1～5个，多数3个，花芽黄绿色，较为饱满，叶芽居中细小、黄绿色。单叶，互生，革质，短柄，椭圆形、长椭圆形，偶近圆形或披针形，长2.5～9.5 cm，宽1.5～4.5 cm，先端渐尖或钝尖，叶齿密，叶缘波浪形，表面光滑，腹面绿色，背面黄绿色，背面中脉突起，新生嫩叶红色。花两性，顶生或腋生，白色，有香味，花瓣6～10片，易脱落，雄蕊3～4轮排列，长短不一，花丝浅黄色，花药黄色，柱头3～4裂，略膨大，子房3～4室。在南宁10月中旬始花，11月上旬盛花，翌年1月上旬末花。蒴果梨形，基部明显凸起，幼果青色被毛，未熟果绿色或青色，成熟果黄绿色或绿色，长2.0～3.5 cm，直径1.5～3.0 cm，1～3室，一般2～3室，稀1、4室，每室有1～3粒饱满种子，每个果实有种子1～5粒，多数2～3粒。种子桃形、半桃形、半圆形、三角状圆形、棱状椭圆形、不规则形，长12～28 mm，直径12～20 mm，棕色或棕褐色，种仁淡黄色。在南宁10月上旬为果实成熟始期，10月中旬为果实成熟盛期，10月中旬至11月上旬为种子脱落期。

香花油茶

香花油茶鲜果出种率55%，千粒重1300 g，干种仁含油率45%以上。

香花油茶为广西2012年发现的新

种，目前正在南方各地做引种试验，以便确定该种种植区域范围。经实验室试验，香花油茶的低温半致死温度为 -8.2℃，高温半致死温度为 51.4℃，表明在南宁种植栽培该品种不易受到低温、高温伤害。香花油茶根系发达，比普通油茶要发达很多，生长迅速，生物量大。在南宁，实生苗定植 4 年即可开花结实，6 年生可达丰产水平。与用普通油茶实生苗做砧木相比较，用香花油茶实生苗做砧木，嫁接苗生长较好。香花油茶主要用途为油料、薪柴、观赏、嫁接用砧木。香花油茶幼年耐阴，成年结果树喜光，但在林下有较多散射光的情况下也能正常开花结实，只是树体、枝条、叶片、花、果实相对于全光条件下要小，叶片的腹面颜色也变浅，为黄绿色。在海拔 300 m 以下的南坡、东南坡，坡度 30° 以下的丘陵山地生长较好。土壤肥沃、深厚的酸性土中生长良好，贫瘠土地生长不良。

4. 宛田红花油茶（*Camellia polyodonta* Hu）

又名多齿红山茶、宛田油茶子。常绿小乔木或灌木，树高 4 ～ 5 m。树皮光滑，灰褐色或淡黄褐色。顶芽 1 ～ 3 个，花芽红色，饱满，叶芽细长、黄绿色。单叶互生，革质，柄短粗，椭圆形或长椭圆形，长 3.0 ～ 11 cm，宽 2.6 ～ 5.2 cm，先端急尖，短尾状，叶齿细密、锋利，似睫毛状，叶片基部无锯齿，幼叶齿端有黑色骨质小刺，表面光滑，腹面草绿色，背面黄绿色，叶片尾端向叶背弯曲，使腹面凸起、背面凹进，网脉叶面凹陷，中脉突起。花两性，顶生，粉红色，花瓣 7 片，萼片 15 枚，呈覆瓦状排列，雄蕊 3 ～ 5 轮排列，花丝扁平、淡黄色，花药黄色，花丝着生基部略带粉红色，柱头 3 浅裂，略膨大，子房 3 室，密被银灰色茸毛，在南宁 12 月中旬始花，翌年 2 月上旬盛花，3 月上中旬末花。蒴果扁球形或球形，在南宁翌年 11 月上旬为果实成熟始期，11 月中旬为果实成熟盛期，11 月中旬至 12 月上旬为种子脱落期，未熟果棕色，成熟果棕褐色，长 5.5 ～ 11.0 cm，直径 6 ～ 12 cm，3

宛田红花油茶

室，稀 4 室，每室有 1 ～ 4 粒饱满种子，每个果实有种子 9 ～ 15 粒，多数 4 ～ 8 粒。种子三角状圆形、半椭圆形、棱状椭圆形、不规则形，长 15 ～ 28 mm，直径 14 ～ 23 mm，深褐色，种仁白色或淡黄色。

宛田红花油茶鲜果出种率 11%，千粒重 2600 g，种仁含油率 50% 以上。

宛田红花油茶主要分布在广东、广西，枝叶青翠繁茂，花红色，花、果期较长，可作为观花、观果树栽培，也可作为油料树种来栽培，主要用途为观赏、油料和材用。喜生长在湿润肥沃、排水良好的酸性土壤，耐旱。适宜的年均气温为 17 ～ 20℃，能耐 –7℃的低温，耐霜冻。适宜在中亚热带南端、南亚热带北缘的低山丘陵地栽培。

5. 广宁红花油茶（*Camellia semiserrata* Chi）

又名红花油茶、南山茶。直立，常绿乔木，树高 4 ～ 8 m。树皮光滑，灰褐色或淡黄褐色。顶芽 1 ～ 2 个，花芽红色，饱满，叶芽细长、红色。单叶，互生，革质，长柄，椭圆形、长椭圆形或披针形，叶大，长 5 ～ 15 cm，宽 2.5 ～ 9.0 cm，叶缘硬质背卷，先端渐尖或钝尖，叶齿疏，叶齿密度从叶尖到叶基逐渐变疏，叶基无齿，表面光滑，腹面草绿色，背面黄绿色，中脉突起，1 年生叶柄红色。苞片已退化成花瓣，因此在孕蕾期就能欣赏红色的球形花苞，花两性，顶生，艳红色，花瓣 6 ～ 7 片，花瓣弯曲弧度较大，开花初期花朵呈钟型，后期花瓣边缘背卷，花朵呈杯状，花瓣肥厚，质地近似蜡质，花瓣边缘变薄，质地近似纸质，雄蕊 7 ～ 9 轮排列，花丝淡黄色，花丝着生基部红色，花药黄色，柱头 5 浅裂，顶端绿色，子房 5 室，在南宁 1 月下旬始花，2 月中旬盛花，3 月中旬末花。未熟果棕色，成熟果棕褐色，果实扁圆形或圆形，表面略粗糙，长 7 ～ 10 cm，直径 8 ～ 11 cm，5 室，每室有 3 ～ 4 粒饱满种子，每个果实有种子 10 ～ 20 粒。种子三角状圆形、半椭圆形、棱状椭圆形、不规则形，表面被毛，长 20 ～ 27 mm，直径

广宁红花油茶

12 ～ 26 mm，深褐色，种仁淡黄色。在南宁翌年 10 月下旬为果实成熟始期，11 月上旬为果实成熟盛期，11 月上旬至 11 月下旬为种子脱落期。

广宁红花油茶鲜果出种率 7.5%，千粒重 3200 g，种仁含油率 55% 以上。

广宁红花油茶主要分布在广东、广西，主要用途为观赏、油料和材用。喜高温高湿的南亚热带气候。适宜生长在海拔 800 m 以下的的丘陵山地。适宜的年均气温约为 20℃，最冷月最低气温为 12℃，绝对最低气温为 0℃。适宜的年均降雨量 1400 ～ 2000 mm。广宁红花油茶为深根性树种，要求种植地土层较为深厚，土壤肥沃、湿润，腐殖质含量丰富，在土层厚度 30 ～ 40 cm 的山谷和林地，生长良好。

6. 陆川油茶（*Camellia vietnamensis* Huang.）

又名越南油茶、大果油茶、华南油茶、高州油茶。常绿乔木，树高 5 ～ 8 m。树皮光滑，灰褐色或淡黄褐色，有灰白斑，一年生新梢被淡褐色或灰色短毛。顶芽 1 ～ 3 个，花芽黄绿色，饱满，叶芽细长、红色或黄绿色。单叶，互生，革质，短柄，椭圆形、长椭圆形或卵圆形，长 4.5 ～ 12.5 cm，宽 1.5 ～ 5.5 cm，先端渐尖或钝尖，叶齿密，表面光滑，腹面绿色，背面黄绿色，中脉突起，叶片正面中脉褐色，1 年生叶柄红色或黄绿色。花两性，顶生或腋生，白色，花瓣 7 片，花瓣顶端深裂呈驼峰状，较平展，雄蕊 5 ～ 7 轮排列，花丝淡黄色、花药黄色，柱头 4 深裂，子房 4 室。在南宁 12 月中旬始花，翌年 1 月上旬盛花，1 月下旬末花。未熟果青绿色，成熟果浅黄色，果实圆形或扁圆形，表面略粗糙，长 4 ～ 6 cm，直径 4.2 ～ 6.5 cm，3 室，稀 4 室，每室有 2 ～ 4 粒饱满种子，每个果实有种子 6 ～ 15 粒。种子棱状椭圆形、不规则形，长 15 ～ 30 mm，直径 12 ～ 23 mm，深褐色，种仁淡黄色。在南宁翌年 11 月上旬为果实成熟始期，11 月中旬为果实成熟盛期，11 月中旬至 12 月上旬为种子脱落期。

陆川油茶

陆川油茶鲜果出种率 20% 以上，

千粒重 2400 g，种仁含油率在 50% 以上。

陆川油茶适宜在夏热冬暖、多雨高温的南亚热带低纬度低海拔丘陵地区生长，主要分布在广西、广东、海南和越南，主要在北纬 22° 40′ 以南的地区栽培，适宜的年均气温为 20.3 ～ 22.7℃，最低气温为 0℃，适宜的年均降雨量为 1600 mm 以上。陆川油茶主要用途为油料和材用。陆川油茶单株产量高，树体较大，但是大小年明显。

7. 南荣油茶（*Camellia nanyongnsis* Hu.）

常绿灌木，树高 2 ～ 4 m。树皮光滑，灰褐色，1 年生新梢棕色。顶芽 1 ～ 3 个，花芽黄绿色，饱满，叶芽细长、红色或黄绿色带红。单叶，互生，革质，短柄，长椭圆形或披针形，长 2.5 ～ 7.5 cm，宽 0.7 ～ 3.3 cm，先端渐尖或钝尖，叶齿密、钝，表面光滑，下凹，腹面深绿色，背面浅绿色，中脉突起，一年生叶柄红色或紫红色。花两性，顶生或腋生，白色，花瓣 7 ～ 8 片，通常 7 片，雄蕊 3 ～ 5 轮排列，花丝淡黄色、花药黄色，柱头 4 裂，子房 3 室。在南宁 10 月下旬始花，11 月中旬盛花，12 月下旬末花。蒴果桃形或橄榄形，幼果红色，成熟果棕褐色，果小，皮薄，长 2.0 ～ 2.5 cm，直径 1 ～ 2 cm，3 室，稀 4 室，每室有 0 ～ 1 粒饱满种子，稀 2 粒，每个果实有种子 1 ～ 5 粒，多数 2 ～ 3 粒。种子三角状圆形、半圆形、球形或不规则形，长 14 ～ 20 mm，直径 9 ～ 12 mm，深褐色，种仁淡黄色。在南宁翌年 10 月下旬为果实成熟始期，11 月上旬为果实成熟盛期，12 月上旬至 12 月下旬为种子脱落期。

南荣油茶

南荣油茶干果出种率 74.5%，干粒出仁率 66.0%，千粒重 860 g，干种仁含油率 48.90%。

南荣油茶主要分布在广西，适宜在中亚热带低丘谷地生长，分枝矮，开花结实早，2 年生实生苗即可开花结实，生长比较快，植株形态和叶片具有较高的观赏价值，是较好的庭园绿化树种，主要用途为观赏、油料。近年来，湖南、江西、浙江、安徽等引种栽培，生长结果良好。

8. 博白大果油茶［*Camellia chrysantha*（Hu）Tuyama］

又名赤柏子。常绿乔木，树高 8 ～ 12 m，高大直立，分枝较高。树皮光滑，土黄色、灰黄色或灰绿色，1 年生新梢红棕色。顶芽 1 ～ 2 个，多数 1 个，花芽红色，饱满，叶芽细长、黄绿色，披淡黄色细毛。叶柄较长，叶椭圆形或长椭圆形、卵形，长 6.5 ～ 18.0 cm，宽 3.0 ～ 8.5 cm，先端突尖或渐尖，偏斜，叶尖锯齿密，锯齿由叶尖到叶基渐疏，齿间基部黑色，基部反转。叶片表面光滑、无光泽，腹面黄绿色，背面浅绿色，中脉突起。花两性，顶生，白色，无柄平展，花瓣 5 ～ 7 瓣，基部肉质肥厚，周围稍有波状皱褶，雄蕊 3 ～ 6 轮排列，花丝黄色、花药深黄色，柱头 3 深裂，略膨大，子房 3 室。在南宁 10 月下旬始花，11 月中旬盛花，12 月下旬末花。果深灰色，果实扁球形或球形，表面粗糙，果大皮厚，长 7 ～ 12 cm，直径 8 ～ 12 cm，皮厚 1.0 ～ 2.5 cm，3 室，稀 4 室，每室有 3 ～ 8 粒饱满种子，每个果实有种子 9 ～ 24 粒，种子多为不规则形，种壳有灰白色皱纹，长 18 ～ 27 mm，直径 12 ～ 26 mm，浅褐色，有光泽，种仁白色或淡黄色。在南宁翌年 10 月下旬为果实成熟始期，11 月上旬为果实成熟盛期，11 月上旬至 12 月上旬为种子脱落期。

博白大果油茶鲜果出种率 19.2%，千粒重 3800 g，种仁含油率在 40% 以上。

博白大果油茶适宜生长在高温多雨的南亚热带，易遭受冻害、风害。冬季易遭受霜冻低温为害，夏季大风容易造成早期落果减产。主要用途为观赏、油料和材用。多分布于广西博白、陆川一带，目前多为野生，人工栽培较少。喜生长于背风向阳、土层深厚的红壤、黄壤上，土壤 pH 值 4.5 ～ 6.5。适宜的年均气温约为 21℃，冬季平均气温为 15℃以上，适宜的年均降雨量为 1400 ～ 2200 mm，相对湿度 80% ～ 85%，栽植地要求高湿度。

博白大果油茶

9. 金花茶（*Camellia nitidissima* Chi）

树高 2 ～ 4 m。树皮灰褐色或淡黄褐色，1 年生新梢灰色。顶芽 1 ～ 2 个，花芽金黄色，饱满，蜡质，有光泽，叶芽细长，黄绿色、绿色或红色。单叶，互生，革质，长柄，椭圆形、长椭圆形或披针形，长 6.5 ～ 20.0 cm，宽 2.8 ～ 8.0 cm，先端渐尖或急尖，叶齿疏，表面光滑，绿色，叶脉凹进，背面黄绿色，密披柔毛，中脉突起。花两性，腋生，金黄色，单朵，近无梗，向下，花瓣 7 ～ 11 片，外层花瓣蜡质，内层花瓣纸质，雄蕊 6 ～ 8 轮排列，花丝、花药黄色，柱头 3 深裂，子房 3 ～ 4 室。在南宁 11 月下旬始花，12 月中旬盛花，翌年 3 月中旬末花。蒴果三棱或四棱状扁球形，未熟果青绿色，成熟果黄绿色或带淡紫色，长 2.0 ～ 4.5 cm，直径 3.0 ～ 6.5 cm，3 室，稀 4 室，皮厚，每室有 1 ～ 3 粒饱满种子，每个果实有种子 3 ～ 10 粒，多数 4 ～ 8 粒。种子近球形、半球形或三角状圆形，长 15 ～ 25 mm，直径 12 ～ 22 mm，茶褐色、褐色或深褐色，种仁淡黄色。在南宁翌年 9 月下旬为果实成熟始期，10 月中旬为果实成熟盛期，10 月中旬至 11 月中旬为种子脱落期。

金花茶

金花茶鲜果出种率 38%，千粒重 2400 g，种子含油率 15%。

金花茶主要分布在广西和越南，喜生长在温暖湿润的南亚热带地区，在溪谷地带的次生林下生长良好，垂直分布在海拔 650 m 的低山丘陵、台地的沟谷、溪边，花可制作为名贵茶品，植株是名贵的观赏花卉，主要用途为观赏、油料和材用。金花茶作为油用栽培的少，多数是作为茶用或观赏用栽培。是培育新品种的宝贵基因资源。

广西优良油茶物种的叶、花、果

及其对比见如下各图。

小果油茶、普通油茶、陆川油茶、博白大果油茶、宛田红花油茶
（从左到右，从上到下）的叶、花对比图

香花油茶（左）、广宁红花油茶（右）的叶、花对比图

南荣油茶的叶、花、果实

金花茶的叶、花、果实、种子

博白大果油茶、广宁红花油茶、普通油茶、香花油茶、陆川油茶、小果油茶（从左到右，从上到下）的果实、种子

表 4–1 是栽植在同一地点，并且采取相同的营林措施的香花油茶、博白大果油茶、岑溪软枝油茶、普通油茶、陆川油茶、宛田红花油茶、广宁红花油茶、小果油茶 6 年生生长情况对照表，结果显示，在这 8 个树种中，香花油茶生长量最大，树高、冠幅、地径最大，生长迅速，栽植后 3 年林分即可郁闭，而宛田红花油茶、广宁红花油茶和小果油茶生长相对比较缓慢，生长量比较小。

表 4–1　6 年生油茶树生长情况对照表

<table>
<tr><th>树种</th><th>树高（m）</th><th>冠幅（m）</th><th>地径（cm）</th><th>开花结实特性</th><th>备注</th></tr>
<tr><td>香花油茶</td><td>3.9</td><td>2.5</td><td>11.0</td><td>定植 3 年即开花结实，5 年达丰产</td><td rowspan="8">1 年生实生苗定植</td></tr>
<tr><td>博白大果油茶</td><td>3.6</td><td>2.1</td><td>10.5</td><td>定植 5 年初花</td></tr>
<tr><td>岑溪软枝油茶</td><td>2.8</td><td>2.3</td><td>9.0</td><td>定植 4 年即开花结实，6 年达丰产</td></tr>
<tr><td>普通油茶</td><td>2.8</td><td>2.2</td><td>8.5</td><td>定植 4 年即开花结实，6 年达丰产</td></tr>
<tr><td>陆川油茶</td><td>2.4</td><td>1.9</td><td>7.5</td><td>定植 5 年即开花结实</td></tr>
<tr><td>宛田红花油茶</td><td>2.2</td><td>1.1</td><td>5.7</td><td>定植 5 年初花</td></tr>
<tr><td>广宁红花油茶</td><td>2.1</td><td>1.2</td><td>5.0</td><td>定植 6 年初花</td></tr>
<tr><td>小果油茶</td><td>1.9</td><td>1.7</td><td>5.0</td><td>定植 5 年即开花结实</td></tr>
</table>

二、广西油茶种子园良种

广西油茶种子园良种目前只有 1 个，即岑溪软枝油茶种子园，是由广西林业科学研究院经过十多年系统选育出来的优良无性系嫁接建成，主要生产优良无性系种子。选择建立种子园的优良无性系主产于广西岑溪市、藤县、苍梧一带，以枝条软韧，挂果下垂而得名，属于普通油茶中的一个农家当家品种。2002 年通过国家林木良种审定，登记编号为国 S–SC–CO–011–2002。

岑溪软枝油茶具有速生高产、早结稳产、含油率高、油质好、适应性广等优点，比一般品种提早 2 ～ 3 年开花结果，产量高 1 ～ 3 倍。实生苗种植后 3 ～ 4 年开花结果，7 年进入盛产期，幼林亩产油 7.5 kg 左右。广西林业科学研究院试验林 10 年生油茶林亩产油超过 25 kg，丰产年可达 61 kg，连续 5 年平均亩产油 32.6 kg，是广西最高年产量平均亩产茶油 5.8 kg 的 5.6 倍。种仁含油率高达 51.3%，酸价仅为 1.06 ～ 1.46。该品种 2002 年通过了国家林木良种审定，是全国重点推广的油茶栽培品种，也是当前生产上较受欢迎的高油优质主栽品种。

三、广西油茶优良无性系和优良家系

（一）广西油茶通过国家林木良种审定的品种

1. 岑软 2 号

岑软 2 号

登记编号为国 S–SC–CO–001–2008。是从优良农家品种岑溪软枝油茶中选择出的优树，利用扦插育苗进行无性系鉴定筛选出来的高产无性系。主要特性：一是速生，早结，造林后 2 年开花，3 年结果，5 年进入盛产期；二是高产、稳产，经连续 4 年（5 ～ 8 年生）测产，亩产油达到 61.64 kg，最高年产量

82.7 kg，进入盛产期后，岑软 2 号连续 3 年产量变幅均不超过 8%，表现出较为稳产的特性；三是含油高，油质好，岑软 2 号种仁含油率 51.37%，果油率为 7.06%，酸价为 1.34，体现出高产无性系的丰产、优质性状（油茶种仁含油率在 50% 以上者属含油率高的品种，酸价在 3 以下者为油质较优良）；四是抗性强，适应性广，岑软 2 号有较强的抗病虫害和抗旱、抗寒能力，病虫害发生率小于 1.5%，在高山陡坡或低丘平地、土质较好或较差的地方都生长良好。

2. 岑软 3 号

登记编号为国 S–SC–CO–002–2008。是从优良农家品种岑溪软枝油茶中选择出的优树，利用扦插育苗进行无性系鉴定筛选出来的高产无性系。主要特性：一是速生，早结，岑软 3 号造林后 2 年开花，3 年结果，5 年进入盛产期；二是高产、稳产，岑软 3 号经连续 4 年（5 ～ 8 年生）测产，亩产油 62.56 kg，最高年产量 144.21 kg，进入盛产期后，岑软 3 号连续 3 年产量变幅均不超过 8%，表现出较为稳产的特性；三是含油高，油质好，种仁含油率为 53.6%，果油率 7.13%，酸价为 0.55，体现出高产无性系的丰产、优质性状；四是抗性强，适应性广，有较强的抗病虫害和抗旱、抗寒能力，病虫害发生率均小于 1.5%，在高山陡坡或低丘平地、土质较好或较差的地方都生长良好。

岑软 3 号

3. 桂无 1 号

登记编号为国 S–SC–CO–003–2008。主要特征是早实、丰产、油质好、抗逆性强、适应性广。连续 4 年平均亩产油 57.9 kg，比参试无性系平均值增产 181.79%，鲜出籽率 39.0%，干出籽率 24.0%，种仁含油率 52.39%。

4. 桂无 2 号

登记编号为国 S–SC–CO–011–2005。主要特征是早实丰产、适应性广、抗炭疽病等。连续 4 年平均亩产油 53.2 kg，比参试无性系平均值增产 159.07%，果油率 10.2%，鲜出籽率 47.0%，干出籽率 27.0%，种仁含油率 53.6%。

5. 桂无 3 号

登记编号为国 S-SC-CO-012-2005。主要特征是早实、丰产、油质好、抗逆性强、适应性广。连续 4 年平均亩产油 53.3 kg，比参试无性系平均值增产 159.07%，果油率 10.97%，鲜出籽率 51.0%，干出籽率 28.5%，种仁含油率 54.73%。

6. 桂无 4 号

登记编号为国 S-SC-CO-004-2008。主要特征是早实、丰产、油质好、抗逆性强、适应性广。连续 4 年平均亩产油 50 kg，比参试无性系平均值增产 143.16%，鲜出籽率 35.5%，干出籽率 25.0%，种仁含油率 54.71%。

7. 桂无 5 号

登记编号为国 S-SC-CO-013-2005。主要特征是生长快，结果早，适应性强。连续 4 年平均亩产油 43.4 kg，比参试无性系平均值增产 111.3%，果油率 8.37%，鲜出籽率 49.5%，干出籽率 26.3%，种仁含油率 51.32%。

桂普 32

8. 桂普 32

登记编号为国 S-SC-CO-028-2010。主要特征是树形为自然开张形。连续 4 年平均亩产油达 50 kg，鲜出籽率 46.1%，干出籽率 26.5%，干出仁率 62.7%，种仁含油率 45.5%，鲜果含油率 7.5%。茶油油酸含量 80.2%，亚油酸含量 9.5%，可用于食用植物油及化妆品生产。

桂普 101 号

9. 桂普 101 号

登记编号为国 S-SC-CO-029-2010。主要特征是树形为圆头形，冠幅大，开张。连续 4 年平均亩产油达 50 kg，鲜果出籽率 46.32%，干出籽率 26.86%，干出仁率 62.48%，种仁含油率 47.03%，鲜果含油率 7.87%。茶油油酸含量 76.2%，亚油酸含量 11.3%，可用于食用植物油及化妆品生产。

（二）广西油茶通过广西林木良种审（认）定的优良无性系

1. 桂无 6 号

登记编号为桂 S-SC-CO-004-2009。主要特征是连续 4 年平均亩产油 43.0 kg，比参试无性系平均值增产 109.07%，鲜出籽率 44.0%，干出籽率 25.3%，种仁含油率 50.54%。

2. 桂普 38 号

登记编号为桂 S-SC-CO-006-2009。主要特征是连续 4 年平均亩产油 43.0 kg，鲜出籽率 46.0%，干出籽率 25.3%，干出仁率 61.8%，种仁含油率 45.7%，鲜果含油率 7.1%。

3. 桂普 49 号

登记编号为桂 S-SC-CO-007-2009。主要特征是连续 4 年平均亩产油 44.6 kg，鲜出籽率 45.0%，干出籽率 25.0%，干出仁率 58.6%，种仁含油率 45.4%，鲜果含油率 6.7%。

4. 桂普 50 号

登记编号为桂 S-SC-CO-008-2009。主要特征是连续 4 年平均亩产油 52.5 kg，鲜出籽率 47.5%，干出籽率 25.6%，干出仁率 66.1%，种仁含油率 44.6%，鲜果含油率 7.6%。

5. 桂普 74 号

登记编号为桂 S-SC-CO-009-2009。主要特征是连续 4 年平均亩产油 50.2 kg，鲜出籽率 47.5%，干出籽率 24.5%，干出仁率 56.9%，种仁含油率 42.1%，鲜果含油率 5.9%。

6. 桂普 105 号

登记编号为桂 S-SC-CO-011-2009。主要特征是连续 4 年平均亩产油 45.6 kg，鲜出籽率 55.0%，干出籽率 25.8%，干出仁率 67.8%，种仁含油率 46.9%，鲜果含油率 8.1%。

7. 桂普 107 号

登记编号为桂 S-SC-CO-012-2009。主要特征是连续 4 年平均亩产油 46.1 kg，鲜出籽率 50.5%，干出籽率 28.0%，干出仁率 66.2%，种仁含油率 43.4%，鲜果含油率 8.1%。

8. 岑软 11 号

登记编号为桂 R-SC-CO-015-2009。主要特征是连续 4 年平均亩产油 64.5 kg，鲜出籽率 46.6%，干出籽率 26.3%，干出仁率 63.8%，种仁含油率 52.6%，鲜果含油率 8.8%。

9. 岑软 22 号

登记编号为桂 R-SC-CO-016-2009。主要特征是连续 4 年平均亩产油 46.0 kg，鲜出籽率 42.3%，干出籽率 26.0%，干出仁率 55.3%，种仁含油率 53.3%，鲜果含油率 7.7%。

10. 岑软 24 号

登记编号为桂 R-SC-CO-017-2009。主要特征是连续 4 年平均亩产油 48.5 kg，鲜出籽率 49.8%，干出籽率 26.3%，干出仁率 64.0%，种仁含油率 49.6%，鲜果含油率 8.3%。

（三）通过广西林木良种认定的广西油茶优良家系

1. 桂 78 号

登记编号为桂 R-SF-CO-041-2012。为霜降种群，叶为倒卵形、先端尾尖，圆球冠型，果实青色球形；具有产量高、油品质优良、抗炭疽病等特性。连续 4 年平均亩产油 36.6 kg，比对照增产 86.01%；鲜出籽率 44.01%，干出籽率 25.35%，干出仁率 64.58%，种仁含油率 55.00%，鲜果含油率 9.31%。

2. 桂 87 号

登记编号为桂 R-SF-CO-042-2012。为霜降种群，叶为倒卵形、先端钝尖，圆球冠型，果实青黄色球形；具有生长旺盛、产量高、油品质优良、抗炭疽病等特性。连续 4 年平均亩产油 31.1 kg，比对照增产 64.61%；鲜出籽率 43.74%，干出籽率 25.52%，干出仁率 63.45%，种仁含油率 50.13%，鲜果含油率 7.58%。

3. 桂 88 号

登记编号为桂 R-SF-CO-043-2012。为霜降种群，叶为长椭圆形、先端急尖，圆球冠型，果实黄色球形；具有稳产、油品质优良、抗炭疽病等特性。连续 4 年平均亩产油量 33.6 kg，比对照增产 75.07%；鲜出籽率 43.16%，干出籽率 25.55%，干出仁率 64.42%，种仁含油率 52.23%，鲜果含油率 7.90%。

4. 桂 91 号

登记编号为桂 R-SF-CO-044-2012。为霜降种群，叶为椭圆形、先端钝尖，圆球开展冠型，果实青色球形；具有结果早、鲜果含油率较高、油品质优良、抗炭疽病等特性。连续 4 年平均亩产油 29.8 kg，比对照增产 57.86%；鲜出籽率 42.67%，干出籽率 25.55%，干出仁率 64.48%，种仁含油率 56.62%，鲜果含油率 9.59%。

5. 桂 136 号

登记编号为桂 R-SF-CO-045-2012。为霜降种群，叶为椭圆形、开张冠型，果实红青色球形或桃形；具有生长快、结果早、鲜果含油率较高、油品质优良、较抗炭疽病等特性。连续 4 年平均亩产油 32.6 kg，比对照增产 71.20%；鲜出籽率 42.64%，干出籽率 25.33%，干出仁率 64.49%，种仁含油率 52.32%，鲜果含油率 8.31%。

四、广西油茶优良地方农家品系

广西油茶优良地方农家品系主要有三江孟江油茶、灵川葡萄油茶、田阳玉凤油茶、东兰坡高油茶、荔浦中果油茶、三门江中果油茶、凤山中籽油茶等。

第五章　广西油茶高产栽培工作历

1月栽培工作历

2月栽培工作历

3月栽培工作历

4月栽培工作历

5月栽培工作历

6月栽培工作历

7月栽培工作历

8月栽培工作历

9月栽培工作历

10月栽培工作历

11月栽培工作历

12月栽培工作历

油茶高产栽培工作历按照每个月需要开展的中心工作进行编写，内容主要有 3 个方面。

（1）油茶物候期

气候对油茶的生长影响是最大的。因此，每个月都列出本月的节气和气候特点；本月气候对油茶生长的影响，油茶的总体生长趋势和状态；油茶结果树、幼年树、苗木的物候期。在明确油茶物候期的情况下开展栽培管理工作。

（2）栽培管理的中心工作

明确每个月栽培管理的中心工作，分别对油茶结果树、幼年树、苗木的栽培管理提出工作的重点。

（3）栽培技术措施

油茶的栽培技术措施包括苗木培养技术、造林技术、低产林改造技术、病虫害防治技术等。为了便于油茶生产的管理，依据油茶生产的实际分工及工作要求，将栽培管理工作分为四大部分：油茶结果树管理、幼年树管理、育苗管理和低产林改造。按照这 4 个方面的工作，具体给出相应的栽培技术措施、育苗技术、病虫害管理技术、低产林改造技术等。每个月的技术措施都尽可能全面详细，在具体工作中，每个单位和个人可依据本单位和个人的工作重点和实际工作情况进行选择。

1 月栽培工作历

（一）油茶物候期

1 月节气：1 月 5 ～ 7 日小寒，1 月 20 ～ 21 日大寒。

1 月气候干冷，是一年中月平均气温最低的月份，雨水少，空气相对湿度低，土壤干燥。油茶树生长逐渐转入相对休眠状态。

普通油茶结果树的物候期为开花末期结束以后的幼果形成期，当花朵授粉受精以后，子房略有膨大，果实处于冬季低温阶段，幼果生长缓慢。部分品种的物候期为开花末期。

油茶幼年树的物候期为相对休眠期。

油茶苗木的物候期为相对休眠期。

1 月普通油茶结果树处于幼果形成期

1 月博白大果油茶结果树处于幼果形成期

1 月香花油茶结果树处于春梢抽生期

1 月陆川油茶结果树处于幼果形成期

1 月宛田红花油茶结果树处于开花期

1 月广宁红花油茶结果树处于开花期

（二）栽培管理的中心工作

油茶结果树：保花、保果。

油茶幼年树：壮梢。

油茶育苗：清理苗圃地。

（三）栽培技术措施

1. 油茶结果树管理

（1）整形修剪

在春梢萌发前进行树体整形修剪。原则是先下后上，先剪树下部，后剪树中上部；先内后外，先剪树冠内部，后剪树冠外部。剪去下脚枝、不见光的荫生枝、干枯枝、衰老枝、病虫枝、重叠的密生枝。

修剪后要求树体内部小空，通风透光，树体饱满，枝叶繁茂，有利于扩大结果面积。大年重剪，小年轻剪。

（2）松土、培土

在春梢萌发前结合锄草给树体根部松土、培土，松土深度 10 ～ 15 cm，培土高度不超过 10 cm，防止根部土壤板结，同时斩断部分根系，促进新根萌发，提高树体活力，健壮树体。劳动力充裕时可每 2 年松土、培土 1 次。栽植地坡度 15° 以下全垦，坡度 15° 以上带状轮垦。

（3）清园防病虫害

清除并深埋枯枝落叶和落果，烧毁病叶、病枝、病果。在冬季或早春萌芽前对油茶树喷施 3 波美度的石硫合剂，可有效防治油茶烟煤病，防除黑斑病、炭疽病等多种病害和介壳虫及越冬虫卵。早春，随着天气逐渐转暖，各种油茶病虫害开始复苏、滋生、繁衍，及时用石硫合剂对油茶园病虫害进行早期防治，能有效控制病虫害的发生和蔓延，降低病虫害发生基数。也可用 80% 代森锰锌可湿性粉剂 500 ～ 750 倍稀释液或 72% 百菌清可湿性粉剂 1000 ～ 1200 倍稀释液进行喷雾，防治炭疽病、软腐病等病害。

（4）施肥

在春梢萌发前，薄施粪水或尿素，以氮肥为主，适当施磷钾肥，以利新稍快速生长。春梢萌发前需要施促梢肥，春梢是当年结果母枝，进入成年阶段的油茶主要抽发春梢，少有夏梢。具有 3 片叶以上的单枝才能形成花芽，开花着果；全株平均每果有叶 15 ～ 20 片才能保证果实稳定、均衡地生长；叶片过少，或叶果比例过小时，会造成落果和树体营养透支，因此经常会看到结果累累的油茶树收获后逐渐枯萎死亡，造成翌年出现小年的现象。春梢的生长不仅关系到当年花芽的分化，而且还关系到翌年油茶产量。因此春梢萌发前的促梢肥很重要。

2. 油茶幼年树管理

（1）新造林地管理

①选择好造林地。继续完成上年度造林地选择工作。方法参考 10 月栽培工作历。

②做好整地工作。继续完成上年度的整地工作。方法参考 11 月栽培工作历。

③苗木准备。造林用苗木应选择来源于油茶定点苗圃培育的油茶良种、优良无性系或优良家系容器苗，苗龄 1 ～ 2 年生，苗高 20 cm 以上，地径 0.3 cm 以上，生长健壮，无病虫害、无机械损伤，且苗圃提供有“三证一签”，即有当地林业部门签发的林木种子经营（生产）许可证，油茶良种种苗质量验收合格证，林木种苗质量检验证书，林木种苗标签。造林用苗木宜在造林前预定好。

④定植造林。选择雨后土壤湿透时节进行定植造林。定植时将坎穴内的回填土挖开，用双手捏一捏塑料容器袋，把容器袋中的泥稍微捏紧，防止撕掉塑料容器袋时泥土散开而伤根。把塑料容器袋撕掉，如果是无纺布容器苗则不需要撕掉容器袋，撕开时应小心，勿使苗根土块破碎散开。将苗木放入坎后培土压实，做成碗底状直径约 30 cm 的树盘，坡度大的造林地，树盘的下坡面要稍微高出上坡面，这样可以蓄积雨水，预防水土流失的发生，在压实的树盘上撒一层约 2 cm 厚的松土，覆盖稻草或农用薄膜保湿。

已在上年 12 月造林的林分，造林 1 个月以后，即本月应检查造林成活情况，如果发现死株、缺株，宜选用同品种类型的苗木，在雨后或阴天补植，使造林成活率达到 95% 以上。

（2）幼龄林管理

①除草松土。全园进行人工除草或用除草剂除草，坡度 15° 以下的油茶林全园松土，坡度 15° 以上带状松土，行间犁晒。

②摘花。结果前 3 年生树摘除花蕾、花朵，保证树体营养生长。

③清园防病虫害。清除并深埋枯枝落叶，烧毁病叶、病枝，春梢萌动前用3波美度的石硫合剂喷洒，可有效防治油茶烟煤病；用80%代森锰锌可湿性粉剂500～750倍稀释液或72%百菌清可湿性粉剂1000～1200倍稀释液进行喷雾，可防治炭疽病、软腐病等病害。

④施肥。在春梢萌发前，薄施粪水或尿素，以氮肥为主，适当施磷钾肥，以利新稍快速生长。

3. 油茶育苗

（1）油茶采穗圃营建

①冬季修剪。结合冬季修剪，剪取嫁接用的接穗。

②全园除草。

③及时淋水，保证采穗圃水分供应充足。

④及时摘花，保证幼苗营养生长。

（2）营建苗圃地

①选择圃地。选择交通方便，地形平坦，光照充足，易于排灌的水田或旱土作为圃地。坡地选作苗圃地时，宜先平整土地，起畦，弄好排灌系统。

②整地。分容器苗和裸根苗整地。育容器苗时，苗床高10 cm，床宽1 m，床长依地形而定，10 m左右，步道宽40 cm。在苗床上整齐紧密地摆放好已经装填基质的容器袋，容器袋周围用土培好，容器间空隙用细土填实。

③基质准备。容器袋中的基质，一般采用黄心土，黏重板结或干燥的沙土、碱性土不宜用作育苗基质，或加入部分椰糠制作成轻基质。先将1份椰糠和2份黄心土混合好，打泥机粉碎，以孔眼2 cm的筛子过筛，过筛后的基质就可以用来装杯了。

圃地平整、起畦、搭建遮阴棚架

安装、开挖排灌系统、摆杯

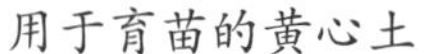

用于育苗的黄心土

经过粉碎的黄心土

粉碎并过筛的黄心土

装营养杯

育裸根苗时，苗床要求先施足基肥，每亩施石灰 50 kg、复合肥 50 kg 后深翻整地，一周后开始做床，床面平整，土壤疏松，床宽 1 m 左右。整地做床后，在床面上铺盖一层厚 5 cm 左右的新鲜黄心土，以减少杂草为害。

④架设遮阴棚。营养苗和裸根苗的苗床都备好后，即架设遮阴棚。棚高 1.7 ～ 2 m，遮阴网的遮阴度春季要求 70% ～ 75%，夏季宜 80% ～ 85%。遮阴网架设后，将苗床用塑料薄膜覆盖，防止雨水冲刷，保持床地疏松，干湿适宜，便于嫁接与培育。

⑤装杯、摆杯。将营养土装入杯中，摆放在苗床上。

⑥育有苗木的苗圃，对苗木进行淋水、除草、摘花、场地清理、搬挑差苗、清理空杯、清理沙床、围边、培土杯苗等各种管理，准备出圃苗木。

4. 油茶低产林改造

（1）抚育施肥改造

继续完成上年度深耕垦复施肥工作。方法参考 11 月栽培工作历。

（2）换冠嫁接改造

将上一年度秋季换冠嫁接的保温、保湿袋去除以及除萌。

2 月栽培工作历

（一）油茶物候期

2 月节气：2 月 3 ～ 5 日立春，2 月 18 ～ 20 日雨水。

2 月气候主要是低温阴雨天气，湿度大，空气流动性低，气温逐渐回升，日照时间少。油茶树根系的生理活动于 2 月中旬开始。

油茶结果树的物候期为幼果期，开花结束，幼果逐渐形成。当花朵授粉受精以后，子房略有膨大，果实处于冬季低温阶段，幼果生长缓慢。部分品种的物侯期为花期。

油茶幼年树的物候期为从相对休眠期进入营养生长期，萌发春梢。

油茶苗木的物候期为春梢期。

2 月普通油茶结果树处于幼果期

2 月香花油茶结果树处于春梢展叶期

（二）栽培管理的中心工作

油茶结果树：保花、保果。

油茶幼年树：培育健壮春梢。

油茶育苗：合格苗出圃、新苗嫁接。

2 月博白大果油茶结果树处于幼果期

2 月广宁红花油茶结果树处于花期

2 月陆川油茶结果树处于春梢抽生期

2 月宛田红花油茶结果树处于花期

（三）栽培技术措施

1. 油茶结果树管理

继续完成整形修剪、松土培土、清园防病虫害和施肥工作，参考 1 月栽培工作历。

2. 油茶幼年树管理

（1）新造林地管理

①做好造林前备耕工作。完成点坎、挖坎、施足基肥和苗木准备工作，争取春节前完成造林任务，或者年后造林。

②定植造林或补植造林。参考 1 月栽培工作历。

（2）幼龄林管理

继续完成除草松土、摘花、清园防病虫害、施肥工作，参考 1 月栽培工作历。

3. 油茶育苗

（1）油茶采穗圃营建

继续完成冬季修剪、全园除草、淋水、摘花工作，参考 1 月栽培工作历。

（2）营建苗圃地

继续完成圃地平整、起畦；开挖好、安装好排灌系统；准备基质、装杯。育裸根苗时，苗床要求先施足基肥；架设遮阴棚；用塑料薄膜覆盖，防止雨水冲刷。参考 1 月栽培工作历。

育有苗木的苗圃，对苗木进行淋水、除草、摘花、场地清理、搬挑差苗、清理空杯、清理沙床、围边、培土杯苗等各种管理。出圃合格苗木。

（3）芽苗砧嫁接育苗

油茶芽苗砧嫁接，选择在春节过后气温回升的 2 月中下旬至 3 月上旬进行，此时砧木已生长到 3 ～ 4 cm 高，秋梢老熟，接穗半木质化而春稍尚未萌动时开始嫁接。如沙藏时气温过高，种子萌发过早，而接穗尚未老熟，可在芽床上加盖一层湿沙，延长出芽期，加粗芽砧；如沙藏时气温过低，种子萌发过迟，可每隔 2 ～ 3 天洒温水 1 次，或采用安装电热线加温设备，控制沙床温度在 25℃左右，加快出芽期，保证芽砧期与接穗期吻合。

沙床中用于嫁接的芽苗

芽苗砧嫁接流水线作业

油茶芽苗砧嫁接分为 5 个步骤：起砧芽、削接穗、切砧木、嫁接包扎、嫁接苗上杯。这 5 个步骤中每个步骤可以分别由 1 个以上人员单独完成，流水线作业，工厂化育苗。

①起砧芽。将带子叶的芽苗从沙床中轻轻取出，用清水清洗芽苗上的沙子，即可用于嫁接。起砧芽时注意防止种胚脱落。

②削接穗。在树冠中上部外围选取发育充实、健壮、叶芽饱满、无病虫为害的老熟秋梢，避免采用阴生枝条。采集穗条以早上或阴天为宜，接穗随采随接。剪取老熟半木质化的穗条后，用清水清洗穗条，去除灰尘和杂质，用 80% 甲基托布津可湿性粉剂 800 倍稀释液浸泡 10 分钟消毒，然后用清水将药液清洗干净。用单面刀片在穗条饱满芽、叶柄下方 1 ～ 2 mm 处左右两侧，削一个 15° 角、长 1.0 ～ 1.2 cm 的双斜面楔形，两斜面交会于髓心，形成 30° 尖削度的楔形，在芽上端 1 ～ 2 mm 处切断，成为一叶一芽的接穗。如穗条的节较短，可保留两叶两芽，油茶接穗叶面积为一片完整叶子面积大小为宜，超过部分必须切去。削好的接穗应放在清水中保湿，浸泡时间不宜超过 1 小时。

采穗条时要选择生长良好的枝条。接穗最好就近采集，随采随接，避免长途运输，长途运输会大大降低嫁接成活率。若需要长途运输，可在箱底铺上脱脂棉，用水淋湿，运至育苗地点后，将其插在阴凉处的沙床上或地窖中，保持湿度，可使用 3 ～ 5 天。

③切砧木。将洗去泥沙的砧苗放在小木板上，在子叶上方 1 ～ 2 cm 处切断，当芽苗太细、太短或弯曲时，应在子叶处切断，去掉生长点，然后于切口处纵切一刀，切口长 1. 2 ～ 1.5 cm，将砧木劈成两半。切掉过长的砧木根，控制砧木根长约 5.0 cm。

清洗干净的砧芽

削好的接穗

④嫁接包扎。把削好的接穗轻轻插入砧木切口，使接穗叶柄一侧的皮层对准砧木一边的形成层，用长约 1.5 cm、宽约 0.8 cm 的铝片将嫁接口包扎捏紧，使砧木与接穗结合紧密。

削好的砧木

嫁接好的苗木

⑤嫁接苗上杯。将嫁接好的苗木用加入强力生根壮苗剂的 80% 甲基托布津可湿性粉剂 800 倍稀释液或 70% 甲基硫菌灵可湿性粉剂 800 倍稀释液浸泡约 20 秒，即一浸没入水中马上捞出，然后将嫁接苗栽入苗床上已经摆放好的营养杯中，栽植时先用直径 1 cm 的竹签在营养袋上插一个 5 cm 左右深的孔，然后把嫁接苗胚根插入孔中，把周围的土压紧。注意，栽植时要使砧木铝箔部分露出土面。栽后用洒水壶洒 1 次透水，以浇水后 1 分钟水还滞留在土面为准。苗床两侧每隔 1 ～ 1.5 m 插入 2 m 长竹弓以便支撑塑料薄膜罩保湿。塑料薄膜罩不可破损，以防漏气失水。塑料薄膜罩四周培土、压实，罩内空气湿度保持在 80% ～ 90%。

嫁接苗上杯后用塑料薄膜保湿

⑥苗木出圃。当上一年的嫁接苗长到苗高 20 cm、径粗 0.3 cm 以上，且无检疫对象病虫害，苗木叶片色泽正常，生长健壮，苗木充分木质化，无机械损伤，顶芽饱满、健壮，根系发达时，即可出圃造林。

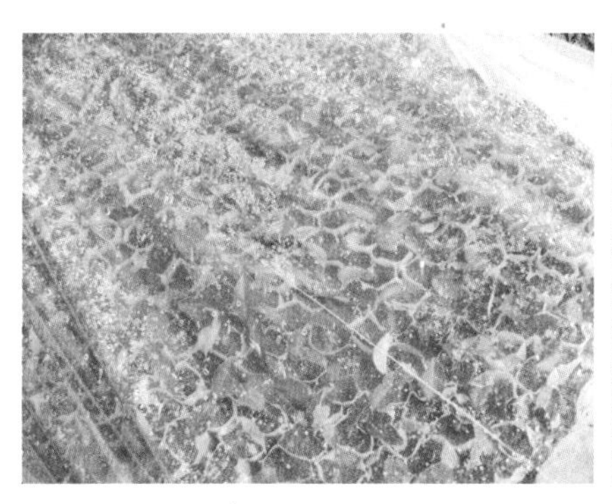

芽苗砧嫁接苗

达到出圃标准的 1 年生嫁接苗

（4）油茶小砧嫁接育苗

营养土装杯后，整齐摆放在苗床上。苗床周边用土培好，营养杯间隙用土填实，以防营养杯歪倒。

催芽点播。种子播种前 20 ～ 30 天催芽，选取粒大、饱满、无病虫害的种子，浸种 2 ～ 3 天，拂去漂在水面的种子，然后用 0.1% 高锰酸钾溶液消毒 5 分钟，捞起用清水冲洗干净，沙藏催芽，露白后点播到营养杯中，每袋 1 粒，播种后覆土 1.5 ～ 2.0 cm。苗床淋透水，用薄膜覆盖，保温、保湿。

小砧嫁接苗

长势良好的扦插苗

（5）油茶扦插育苗

①准备扦插床。扦插床高 30 cm、宽 1 m、长 6 ～ 8 m，床内用新鲜河沙填充，扦插前 2 ～ 3 天用 0.1% 高锰酸钾溶液喷洒消毒。

②插穗的选取和处理。选取优良采穗圃中生长健壮、腋芽饱满的 0.5 ～ 1 年生枝条作插穗，就近采集穗条，如需远距离运输时，要注意保温、保湿，确保穗条活力。扦插用穗条约 2 cm 长，保证 1 芽 1 叶，基部用锋利小刀削成平滑斜面。插穗用 0.1% 高锰酸钾溶液浸泡消毒，再用生长激素浸泡处理后扦插到苗床上。扦插后淋透水，每 10 天喷叶面肥追肥。

4. 油茶低产林改造

（1）抚育施肥改造

继续完成深耕垦复施肥。方法见 11 月栽培工作历。

（2）换冠嫁接改造

将上一年秋季换冠嫁接的保温、保湿袋去除。除萌。

3 月栽培工作历

（一）油茶物候期

3 月节气：3 月 5 ～ 7 日惊蛰，3 月 20 ～ 22 日春分。

3 月气候温暖、潮湿，气温迅速上升，梅雨天多。3 月下旬油茶根系迅速生长，在新梢快速生长之前，根系生长出现一年中第一个生长高峰。叶芽 3 月上旬萌动，嫩叶生长活跃，病虫害增多。

普通油茶结果树的物候期为春梢期和幼果期，此时子房逐渐膨大，形成幼果。3 月下旬至 8 月下旬，果实以体积增长为主。

油茶幼年树的物候期为春梢期。

油茶苗木的物候期为春梢期。

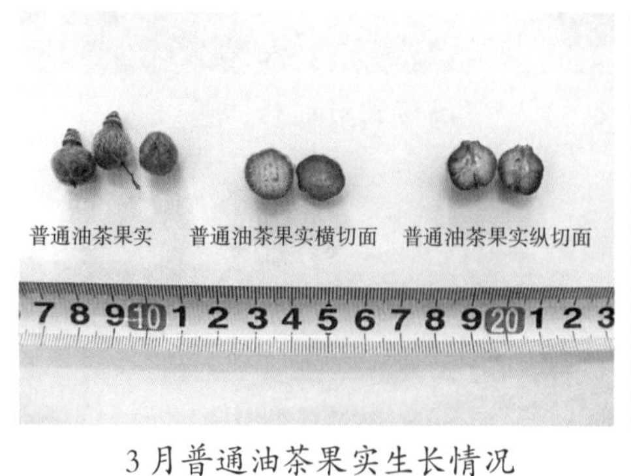

3 月普通油茶果实生长情况

3 月普通油茶处于春梢期和幼果期

3月普通油茶处于春梢期和幼果期

3月香花油茶处于春梢期和幼果期

3月博白大果油茶处于春梢期和幼果期

3月宛田红花油茶处于春梢期和幼果期

3月陆川油茶处于春梢期和幼果期

3月广宁红花油茶处于春梢期和幼果期

（二）栽培管理的中心工作

油茶结果树：促进春梢健壮抽生、保果。

油茶幼年树：促进春梢健壮抽生、壮春梢。

油茶育苗：合格苗出圃、新苗嫁接。

（三）栽培技术措施

1. 油茶结果树管理

（1）追施稳果肥

油茶树坐果以后，3 月底至 4 月初将迎来生理落果期，若此时不及时补充养分，会加剧生理落果，影响当年产量。油茶果实成熟时正逢开花，因此营养消耗很大，坐果以后，如果不能及时补充养分，则落果多，容易造成大小年。油茶树坐果的同时也是春梢抽发、展叶时期，春梢是夏梢的基础，春梢的强弱决定夏梢的长势，春梢健壮就能抽发强壮的夏梢，而油茶的花芽分化是在夏梢的基础上进行的，所以夏梢的长势就决定了来年产量的高低。因此，高效栽培的油茶园要根据不同植株树势进行施肥，宜多施氮肥，适当施钾肥，或施养分比较全面的复合肥，以促进油茶树抽梢、展叶、保果、壮果。能结果 25 kg 的油茶树，每株施复合肥 1 kg，或尿素 0.5 kg、氯化钾 0.5 kg，雨后土壤湿透后于树冠滴水线下挖环形沟施肥，施肥沟或位于上、下坡，或位于左、右两侧，沟长 50 cm、深 30 cm、宽 30 cm，肥料均匀撒施于沟底，施肥后培土。

油茶结果树生理落果

挖施肥沟

（2）喷施叶面肥

幼果初期喷施叶面肥，以减少果实生理落果。喷施叶面肥时应喷在叶的背面，叶的背面气孔密度大，有利于养分的吸收。可喷施 2 ～ 3 次 2% 过磷酸钙浸出液加 1% 硫酸铵或 0.2% 尿素加 0.2% 磷酸二氢钾溶液。

（3）修剪

结合疏果进行枝条修剪，主要剪除徒长枝、下脚枝、寄生枝、枯枝、病虫枝、衰弱枝、萌蘖枝，出现丛生枝要及时做取舍修剪，保留合理位置的健壮丛生枝。通过修剪，使结果树的干、枝、梢、花、果合理占据空间，控制生长枝和结果枝的比例，枝条布置合理，能够促进树体通风透光，促进植株生长，使树木稳产、丰产。对于衰弱树应进行树体回缩，以利于生长出健壮枝条。

衰弱树树体回缩

①初结果树的修剪。初结果的油茶树，营养生长占优势，生理落果严重，这时要控制夏梢。要保证树体骨干枝延伸生长，扩大树冠，同时让树冠下部、内膛枝梢局部结果。因此，可先摘去骨干枝先端 1 ～ 2 年生枝条的果实，使其枝梢得以继续营养生长，以保证树冠向外扩展。

②盛果树的修剪和疏果。盛果树的修剪和疏果主要是为了使树体内膛和树冠下部得到充足光照，使树体能够立体结果，保持树枝的壮实。

③大年树的修剪。由于上一年开花结果少，今年大量养分用于结果枝生长，所以形成大年。在这种情况下，树体修剪宜重，可疏除和短截一部分结果枝，以减少结果量，促发新梢。

④小年树的修剪。由于上一年大量结果，当年树体抽枝减少，结果枝少，所以花果少，形成小年。在这种情况下，树体修剪宜轻，尽可能保留上年抽生的一年生枝、结果枝、上年采果后的粗壮有叶果蒂枝，仅疏除细弱枝、密生枝、病虫枝、徒长枝。

（4）疏果

通过合理的疏果，调节营养生长和生殖生长的关系，可克服大小年过分明显现象，同时又可提高坐果率，增大果径，使单果重量增加，改善油茶果实品质，并促进抽梢。

当油茶树的单个枝条具有 3 片叶以上时，才能形成花芽，开花结果；全株平均每个果实有 15 ～ 20 片叶时，才能保证稳定均衡生长。如果结果量过大，果实生长需要的养分多，会影响枝梢的抽发和生长，叶片就少，翌年就会出现小年。因此，合理的结果量不仅关系到春梢的生长，还关系到当年花芽的分化，继而影响到翌年油茶的产量。春梢数量与翌年产果量成正相关。

把畸形果、受病虫为害的果实和结果枝从基部剪去。摘去过密果实，去上留下，树冠中下部、内膛果实要多留，摘去树冠顶部过密果实，多疏少留，让其抽发新梢，增加叶面积，以增强光合作用，同时增加遮阴效果，提高果实品质。

（5）植物激素保果

3 月底至 4 月初，油茶果实常会由于营养不良或植物内部激素失调出现生理落果，同时抽发春梢，消耗营养，会增加落果概率，此时除施肥增加植株营养外，还应叶面喷施补充植物激素，减少落果。目前保果激素有 2，4–D、“九二〇”等，可选用 2，4–D 0.075 ～ 0.12 g 兑水 15 kg、赤霉素“九二〇”0.45 ～ 0.6 g 兑水 15 kg、0.15% 皇嘉芸苔素 5000 ～ 10000 倍稀释液或 15 ～ 20 mg/L 防落素喷雾。

（6）防治病虫害

本月油茶的主要病害是油茶白星病、油茶疮痂病，主要为害嫩叶、芽和嫩茎，油茶疮痂病还为害嫩梢和幼果。

本月油茶的主要虫害：广西灰象、茶二叉蚜、油茶蓟马、油茶枯叶蛾、半带黄毒蛾、茶斑蛾、野茶带锦斑蛾、南大蓑蛾、油茶宽盾蝽、吹绵蚧、白蛾蜡蝉、褐缘蛾蜡蝉。主要为害油茶嫩叶、叶子、芽、嫩枝、树皮和幼果。

①油茶白星病。

油茶白星病在油茶栽培区发生普遍，主要为害嫩叶、芽、嫩梢。发生病害的时间主要是 3 月、5 月和 10 月，5 月为病害发生高峰期。病害发生后，影响叶、芽和枝梢生长，严重时可引起大量落叶，病部以上的组织最终枯死。

油茶白星病是低温高湿型病害，叶面有 5 小时以上的湿润，病菌才能萌发侵入，因此在降中雨和降雨次数多的情况下本病发生较重；平均气温在 16 ～ 24℃时发病最多，旬平均气温高于 25℃时不易发病。高山油茶园具有高湿、多雾、气温偏低的环境条件，容易发病。

油茶白星病症状特点：开始发病时病斑呈针头大的褐色小点，对光可见周围有黄色晕圈。以后逐渐扩大，呈小型圆形病斑，病斑边缘有暗紫褐色隆起线，中央呈灰褐色至灰白色，病健部分界明显。在潮湿条件下，病斑上散生细小黑色粒点，病斑背面灰黄色。在同一张病叶上可以有多个病斑，往往许多病斑相互结合成大型病斑。在叶片中脉上有病斑，常使叶片扭曲成畸形。叶柄和嫩茎罹病时，初生暗褐色病斑，后渐变为灰白色，嫩茎上着生的叶片常出现扭曲。

油茶白星病防治方法：

a. 施用堆沤的农家肥，增施复混肥，增强树势，提高树体抗病能力。

b. 在油茶叶子初展期间，用75%百菌清可湿性粉剂750倍稀释液、25%多菌灵可湿性粉剂500倍稀释液或70%代森锰锌可湿性粉剂500倍稀释液喷雾防治。必要时在7～10天后再喷药1次。

油茶疮痂病为害油茶果实

②油茶疮痂病。

油茶疮痂病主要由痂囊腔菌属和痂圆孢属真菌引起，细菌中链霉菌属也能引起疮痂病。主要为害油茶嫩叶、嫩枝、幼果。受害部位形成粗糙、隆起、疮痂状圆形或椭圆形的病斑，中央开裂。叶片受害后病斑变蜡黄色，病斑扩展并向一面隆起成圆锥形的瘤粒突起，叶片扭曲变形，落叶严重。地上部分的病菌通过风雨和昆虫传播。主要发生期是3～5月。防治方法参考炭疽病的防治。

③广西灰象

广西灰象属鳞翅目象甲科，分布于广西各地，成虫主要取食油茶的嫩叶、嫩枝。成虫取食的主要时间是3～5月，直接影响植株的生长、开花、结果。

成虫：雄虫体长7～10 mm、宽3～4 mm，雌虫个体比雄虫略大。虫体淡黄色，被白色或灰黄色鳞片，前胸背板两侧散布有颗粒，鞘翅中带明显，前胸、鞘翅及腹部具铜绿色或浅绿色光泽。鞘翅上有明显的10行刻点。前足胫节内缘有一排齿，中、后足齿不明显。雄虫瘦小无沟纹，雌虫略大而胖，基部两侧各有1条沟纹。

卵：长约0.2 mm，淡黄色，块状。

幼虫：老熟幼虫体长约9 mm，头部黄褐色，体淡黄色。

蛹：长椭圆形，长约 9 mm，淡黄色，头管长，垂于胸前。

④茶二叉蚜。

茶二叉蚜属同翅目蚜虫科，又名茶蚜、可可蚜，以广东、广西、云南发生较多。以成虫和若虫群集在嫩叶背面、嫩梢、嫩茎、嫩芽、花穗和花蕾上为害，常造成枝叶卷缩、芽叶萎缩硬化，新梢生长受阻，以致树体枯死，其排泄的蜜露可诱生煤烟病，或招至黑霉菌的孳生，使枝叶变黑，严重影响植株生长。茶二叉蚜发生为害的主要时间是 3 ～ 4 月、6 ～ 7 月。

成虫：成虫为有翅，孤雌蚜体长卵形，长约 2 mm，黑褐色或橘红褐色，有光泽。

卵：长椭圆形，长约 0.6 mm，漆黑有光泽。

若虫：1 龄若虫淡棕黄色，体长 0.2 ～ 0.5 mm。

蚜虫为害油茶嫩枝状

隐藏在叶芽中的蚜虫

⑤油茶蓟马。

油茶蓟马属缨翅目蓟马科，靠吸食油茶植物汁液为生，属于锉吸式害虫，通过口器锉开叶片等器官的表皮组织，吸食汁液，经常见到受害部位皴皮，取食后会造成植物叶子与花朵的损伤。油茶蓟马一年四季均有发生，每年油茶蓟马发生的高峰期在 5 ～ 6 月夏梢期和 10 ～ 11 月花期。雌成虫主要行孤雌生殖，偶有两性生殖。成虫极活跃，善飞能跳，可借自然力迁移扩散。成虫怕强光，多在背光场所集中为害。阴天、早晨、傍晚和夜间才在寄主表面活动。油茶蓟马繁殖快，世代更替快，容易泛滥成灾，所以蓟马难防治。其若虫在叶背取食到高龄末期停止取食，落入表土化蛹。油茶蓟马为害的主要时间是 3 ～ 4 月和 6 ～ 7 月。

成虫：体长约 1 mm，青绿色，成虫多在叶背的叶脉间吸取汁液为害。

卵：长 0.2 mm，长椭圆形，乳白色，在小枝上成双排排列。

若虫：体长约 0.8 mm。

油茶蓟马为害嫩枝叶

油茶蓟马卵块

⑥油茶枯叶蛾。

油茶枯叶蛾又名油茶毛虫、杨梅毛虫、杨梅老虎、大灰枯叶蛾，属鳞翅目枯叶蛾科，为杂食性害虫。以幼虫取食叶片为害，食量大，为害期长，严重者使枝梢枯萎，叶片被食光，影响油茶树生长发育和产量。幼虫取食的主要时间是 3 ～ 7 月。

成虫：雌蛾个体较大，翅展约 80 ～ 100 mm，雄蛾个体较小，翅展约 70 ～ 90 mm。体色黄褐色、灰褐色，雄蛾体色较雌蛾略深。前翅有 2 条淡褐色斜行宽横带，紧靠内横带外侧中室末端有 1 个银白色三角形斑点；后翅赤褐色或褐色，中部有 1 条淡褐色横带。

卵：直径 2.5 mm，球形，灰褐色，球面上下端各有 1 个棕黑色圆斑，圆斑外有 1 个灰白色环。

幼虫：共 7 龄。发育历期为 120 ～ 160 天，初孵幼虫聚集一处取食，3 龄后逐渐分散取食。1 龄幼虫体呈黑褐色，头深黑色，有光泽，胸背棕黄色，腹背蓝紫色，每节背面着生 2 束黑毛，第八节的较长，腹侧灰黄色，体长 6 ～ 14 mm。2 龄幼虫体呈蓝黑色，间有灰白色斑纹，胸背始露黑黄 2 色毛丛。

3 龄幼虫体呈灰褐色，胸背毛丛比 2 龄时略宽。4 龄幼虫腹背第 1 ～ 8 节，每节上增生浅黄色与暗黑色相间的 2 束毛丛。5 龄幼虫体呈麻色，胸背黄黑色毛丛变为蓝绿色。6 龄幼虫体呈灰褐色，腹下方浅灰色且密布红褐色斑点。7 龄幼虫体显著增大增长，体长 110 ～ 130 mm。

蛹：幼虫老熟后一般在油茶树叶中结茧化蛹。茧黄褐色，上附有较粗的毒毛。蛹呈长椭圆形，腹端略细，黄褐色至暗红褐色。头顶及腹部各节间密生黄褐色绒毛。雌蛹长 40 ～ 60 mm，雄蛹长 38 ～ 50 mm。

⑦半带黄毒蛾。

半带黄毒蛾属鳞翅目毒蛾科，以幼虫取食油茶树叶子、芽、嫩梢、果皮为害，影响油茶树生长发育。幼虫取食的主要时间是 3 ～ 4 月。

成虫：雄虫翅展 25 ～ 35 mm，雌虫翅展 30 ～ 40 mm，体色黄色，密被黄色绒毛。前翅黄白色内线与外线间有 1 条宽中带，中带上部宽，呈黄色，下部较窄，散布黑色鳞片。后翅浅黄色。足密被浅黄色绒毛。

⑧茶斑蛾。

茶斑蛾属鳞翅目斑蛾科，又名茶叶斑蛾。低龄幼虫咬食叶片，食去下表皮和叶肉，残留上表皮，形成半透明状斑。高龄幼虫把叶片食成缺刻或孔洞，使叶片枯黄残缺，严重时全叶食尽，仅留主脉和叶柄。幼虫主要为害时间是 3 月。

成虫：雌成虫翅展 60 ～ 76 mm，雄成虫翅展 50 ～ 60 mm。雄成虫触角短栉齿状，栉齿长、密；雌成虫触角基部丝状，上部彬齿状，端部膨大似棒状。头、胸、腹基部黑色，略带蓝色，有光泽。翅蓝黑色，前翅基部有数枚、形成 3 列黄白色斑块，中部内侧黄白色斑块连成一横带，中部外侧黄白色斑块散生；后翅中部黄白色横带甚宽，近外缘处散生若干黄白色斑块。

卵：椭圆形，初期乳白色，中期鲜黄色，近孵化时转灰褐色。卵粒聚集成卵块。

幼虫：体长 22 ～ 30 mm，圆形肥厚似菠萝状，黄褐色，多瘤状突起，中、后胸背面各具毛疣 5 对，腹部 1 ～ 8 节各有毛疣 3 对，第 9 节生毛疣 2 对，毛疣上均簇生短毛。

蛹：长 20 mm 左右，黄褐色。茧褐色，长椭圆形。

茶斑蛾幼虫

茶斑蛾成虫

⑨野茶带锦斑蛾。

野茶带锦斑蛾属鳞翅目斑蛾科，别名野茶斑蛾。以幼虫取食油茶、野茶和茗茶叶片为害。成虫吸食花蜜，夜晚偶有趋光性。每年3月、5～7月发生为害。

成虫：翅展 50 ～ 53 mm。体蓝黑褐色，头顶、颈部红色；雄成虫触角羽状，雌成虫触角丝状；口器发达；前翅有 1 条宽的弯形白色带，腹部呈蓝黑色。

幼虫：体长 20 ～ 22 mm，扁长圆形，背部呈蓝黑色和黄色相间的带状，腹部蓝黑色。

茧：体长 21 ～ 23 mm，黄褐色。

⑩南大蓑蛾。

南大蓑蛾属鳞翅目蓑蛾科，别名大巢蓑蛾、大蓑蛾、大袋蛾。以幼虫取食叶片、嫩枝树皮、幼果为害油茶树。每年 3 月、6 ～ 8 月发生为害。

成虫：雄成虫翅展 30 ～ 40 mm，前翅黄褐色至红褐色，外缘处有 4 ～ 5 个长形透明斑；后翅黑褐色。雌成虫体长 25 ～ 30 mm，翅、足均退化，呈乳白色蛆状，头小呈黄褐色，腹大。

南大蓑蛾低龄幼虫为害状

卵：长约 0.9 mm，椭圆形，淡黄色，表面有光泽。

幼虫：初龄幼虫黄色。3 龄后分雌雄。雌老熟幼虫体长 30 ～ 40 mm，虫体粗肥，头部赤褐色，头顶有环状斑。雄老熟幼虫体长 20 ～ 25 mm，头部黄褐色，中央有一白色“八”字形纹。

蛹：雌蛹长 25 ～ 30 mm，枣红色，头胸附器均消失似蝇蛹状。雄蛹长 20 ～ 25 mm，暗褐色。袋囊大型，梭状，长 50 ～ 70 mm，丝质，附有碎叶片，也有少数排列零散的枝梗。

⑪ 油茶宽盾蝽。

油茶宽盾蝽属半翅目盾蝽科，又名茶籽盾蝽、油茶蝽。以若虫、成虫刺吸叶、芽、花蕾、幼果汁液为害，影响叶、芽、花蕾、果实发育，严重时引起落花、落果，油茶产量减少，出油率降低，还会诱发油茶炭疽病，引起油茶落果。每年 3 ～ 10 月发生为害。

成虫：成虫体长 15 ～ 20 mm，宽 10 ～ 15 mm，宽扁椭圆形。成虫期约 2 个月。

卵：直径约 2 mm，近圆形，初产时淡黄绿色，后呈现 2 条紫色长斑，孵化前为橙黄色。

若虫：若虫形态和生活习性与成虫相似，只是体形较小。若虫共 5 龄，由卵孵化到第一次蜕皮，是 1 龄，以后每蜕皮 1 次，增加 1 龄。1 龄到 5 龄若虫体长分别为 3 mm、5 mm、8 mm、11 mm、15 mm，近圆形，橙黄色，具金属光泽，腹部圆形，翅芽显著，后变成成虫。若虫期 7 个月。

油茶宽盾蝽成虫

油茶宽盾蝽为害油茶果实

油茶宽盾蝽为害叶子

⑫ 吹绵蚧。

吹绵蚧属同翅目棉蚧科，又名澳洲吹绵蚧。以成虫、若虫刺吸油茶叶片、嫩枝汁液为害，影响油茶生长发育，严重时，可导致叶片发黄，树势衰弱。每年 3 ～ 4 月和 6 月发生为害。

成虫：雄成虫体长 3 mm，翅长约 3 mm，虫体橘黄色，触角 11 节，每节轮生数根长毛，翅紫黑色，腹部 8 节，末节有瘤状突起 2 个。雌虫体长 5 ～ 8 mm，橙黄色，椭圆形或长椭圆形，无翅，触角 11 节，黑色。两性虫体腹部扁平，背面隆起，上被白色蜡质物，腹部周缘有 10 多个小瘤状突起，并分泌绵团状

吹绵蚧为害嫩枝状

蜡粉，遮盖身体，故很难见其真面目。

卵：长约 0.7 mm，橙黄色，长椭圆形。

若虫：雄若虫 2 龄，雌若虫 3 龄，体橘红色到红褐色，眼、触角、足黑色，体表布满蜡粉和蜡丝。

蛹：体长约 3 mm，橘黄色，被白色蜡粉。

茧：长椭圆形，白色。

⑬ 白蛾蜡蝉。

白蛾蜡蝉属同翅目蛾蜡蝉科。又名白鸡、白翅蜡蝉、紫络蛾蜡蝉。以成虫、若虫群集于荫蔽、密生的嫩枝、果干、枝干上刺吸汁液，导致树势衰弱，排出的蜜露还会诱发煤烟病，影响植物的光合作用，从而影响油茶树生长，严重时会造成落果。每年 3 ～ 9 月均发生为害。

成虫：体长 15 ～ 20 mm，翅展 40 ～ 45 mm，黄白色或淡绿白色，头尖，触角短小、刚毛状，基部 2 节膨大。前翅膜质加厚，网脉，黄白色或粉白色，有的带绿色或黄绿色，呈屋脊状竖立覆盖于虫体侧背。后翅膜状，白色，薄而柔软，呈半透明。成虫静止时后端上翘，顶角突出。成虫能飞善跳，但飞行距离短。

卵：椭圆形或长椭圆形，长约 0.6 mm、宽 0.3 mm，白色，于枝条上或叶柄中排列呈数行纵列窄长条状，每条 200 ～ 300 粒。

白蛾蜡蝉为害状

白蛾蜡蝉成虫为害油茶枝干

若虫：体略扁平，长椭圆形，白色，翅芽向身体后侧平伸，末端平截。腹端有成束长蜡丝，披白色绵絮状物。若虫善跳，受惊时，留下绵絮状披覆物，迅速弹跳逃逸。

⑭ 褐缘蛾蜡蝉

褐缘蛾蜡蝉属同翅目蛾蜡蝉科，又名青蛾蜡蝉、褐边蛾蜡。以成虫、若虫吸食油茶嫩梢、果干、枝干汁液为害，被害枝梢部位有白色蜡质物，排泄物蜜露可诱发煤烟病，致使树势衰弱。每年 3 ～ 10 月均发生为害。

成虫：体长约 7 mm，翅展约 18 mm。体淡黄绿色，头部黄赭色，顶极短，略呈圆锥状突出，中央具 1 条褐色纵带；触角深褐色，端节膨大；前翅绿色或黄绿色，边缘褐色，在爪片端部有一个显著的马蹄形褐斑，斑的中央灰褐色；网状脉纹明显隆起，在绿色个体上为深绿色，在黄绿色个体上呈红褐色。后翅绿白色。前、中足褐色，后足绿色。

褐缘蛾蜡蝉若虫及其为害叶片状

卵：成虫将卵产在嫩梢树皮组织中，卵块呈条形，常造成枝条枯死。

若虫：初孵若虫群集为害，后逐步扩散为害，受惊动能跳跃。

虫害防治方法：

a. 加强油茶林分的经营管理，隔年垦复，补植疏残林，疏伐密生林，修剪过密树体，施肥。

b. 人工采摘虫卵，摘后集中烧毁，利用成虫的群集性、假死性和受惊落地性进行人工捕杀。

c. 化学防治：幼虫发生初期，用 90% 敌百虫 1000 ～ 2000 倍稀释液、80% 敌敌畏 1000 ～ 2000 倍稀释液或 50% 杀螟松 1500 ～ 2000 倍稀释液等杀虫剂喷雾防治。

d. 烟草水防治：用烟草叶 0.5 kg、水 30 kg，或用烟筋 0.5 kg、水 10 kg，浸泡 1 天后，加 0.5 ～ 1.0 kg 生石灰一起喷洒。

e. 肥皂水防治：将肥皂切成薄片，用少量水煮开以后加入肥皂片煮溶，加水（不用井水）稀释成 150 ～ 200 倍稀释液，把受害枝叶浸入肥皂水内，随即取出。该方法可有效杀死害虫，杀虫率可达 100%。

f. 树干涂毒环：用 50% 辛硫磷 3 ～ 5 倍稀释液或机油，于树干下部涂

20 cm 宽毒环，以阻滞成虫爬上树取食为害。

g. 吹绵蚧药物防治：在初孵若虫转移期，喷施 40% 氧化乐果 1000 倍稀释液、50% 杀螟松 1000 倍稀释液或普通洗衣粉 400 ～ 600 倍稀释液，每隔 2 周左右喷 1 次，连续喷 3 ～ 4 次。

h. 蜡蝉药物防治：可选用 24% 快灵水剂、2.5% 功夫乳油或 10% 多来宝悬浮剂喷杀低龄若虫。

2. 油茶幼年树管理

（1）新造林地管理

定植造林或补植造林。参考 11 月栽培工作历。

（2）幼龄林管理

①施肥，培养健壮春梢：喷施叶面肥和根部挖沟施肥，视树体大小，每株施 0.1 ～ 0.5 kg 复合肥。

②防治病虫害：参考本月油茶结果树管理的病虫害防治方法。

3. 油茶育苗

（1）油茶采穗圃

结合嫁接工作进度，安排采摘穗条，同时对完成穗条采摘任务的采穗圃进行修剪，必要时短截回缩，以利于穗条再次萌生。

（2）营建苗圃地

营养苗装杯，裸根苗定值。苗床淋水、淋消毒水、覆盖薄膜和遮阴网。

育有苗木的苗圃，对苗木进行淋水、除草、除萌、场地清理、搬挑差苗、清理空杯等各种管理。苗木出圃前 1 ～ 2 月，揭除遮阴棚炼苗。选择合格苗木出圃销售。

油茶密植采穗圃短截

揭遮阴棚和薄膜炼苗

达到出圃标准的 1 年生嫁接苗

合格苗出圃打包待运

（3）芽苗砧嫁接育苗

继续芽苗砧嫁接育苗工作。参考 2 月栽培工作历。

（4）油茶小砧嫁接育苗

①营养土装杯后，整齐摆放在苗床上。参考 2 月份栽培工作历。

②催芽。参考 2 月栽培工作历。

③经过 1 年培育后，将 1 年生实生苗在距地面 5 cm 处短截，将接穗嫁接在短截后的小苗上。接穗的处理、嫁接后的管理参照芽苗砧嫁接育苗的管理。

油茶小砧嫁接苗覆盖薄膜保湿

（5）油茶扦插育苗

插穗在扦插床生根后 1 个月移入营养杯中。移苗前需先将营养杯基质淋透水。起苗前扦插床先淋透水，用竹签起苗，放入清水盆中，再用 50 ～ 100 毫克 / 升 6 号生根剂浸泡后，移栽到营养杯中。每个营养杯移入 1 株。移栽后淋透水，覆盖薄膜保湿。

（6）苗圃地病虫害防治

种子沙藏催芽期间，需要盖薄膜保湿保温。芽苗砧嫁接、油茶小砧苗嫁接、油茶扦插苗定植初期，如需要盖薄膜保湿保温，应同时用遮阴网搭盖遮阴棚。遮阴棚具有保暖、防霜冻的作用，在早春和晚秋，覆盖遮阴网可使网内气温高于外界 1℃左右，有霜冻时，霜凝结在遮阴网上，避免冻伤苗木，起到防霜冻作用。遮阴棚还具有防暴雨、防风的作用，在夏、秋季节，广西常有暴雨、大雨和大风天气，容易将种植的苗木毁于一旦，造成灾害，遮阴网可以避免暴雨、大雨和大风直接冲击苗木和表土，减少苗木毁坏、表土水土流失，避免出现土壤板结和使根系窒息的现象。遮阴棚还具有遮光、降温、保湿的作用，可以使超过油茶树光饱和点的强光照，减弱到适合油茶树正常光合作用所需的光照强度；同时也减少了光的辐射热，降低棚下气温和地温。光照和温度的降低，减少了苗圃地面水分蒸发，保持相对稳定的土壤湿度，调节空气湿度，改善了油茶苗木根际小环境。

苗圃畦地在盖薄膜保湿保温期间，油茶苗容易发生油茶炭疽病、油茶软腐病、苗木菌核性根腐病等病害。这些病害发生后，可引起枯芽、落叶甚至幼苗死亡，并具有强传染性，为害严重，严重时可能引起整个苗圃育苗失败，所以这期间主要采取预防为主的措施，定期喷药，防止病害发生。一般用 75% 百菌清可湿性粉剂 600 ～ 800 倍稀释液、50% 多菌灵可湿性粉剂 500 倍稀释液或 50% 退菌特 800 ～ 1000 倍稀释液喷雾，喷药间隔时间为 1 个月，定植时喷 1 次，1 个月后再喷 1 次，盖薄膜期间喷 1 ～ 2 次。

①油茶炭疽病。

油茶炭疽病由油茶炭疽病菌引起，当油茶苗圃地发生油茶炭疽病时，会使幼苗嫩茎变黑褐色，引起枯芽。

②油茶软腐病。

油茶软腐病又名油茶落叶病，主要为害油茶叶、芽和果实，幼苗叶、芽受害后，叶肉腐烂，仅剩表皮，枯黄腐烂而死，2 ～ 3 天内病叶即可脱落。

③苗木菌核性根腐病。

苗木菌核性根腐病又名油茶白绢病，主要发生在南方各省的油茶产区，苗木受害严重。发病严重的苗圃，发病率可高达 50% 以上，引起苗木大量死亡。

病害一般发生于接近地表的苗木基部或根颈部。苗木受病菌感染后，皮层变褐色并腐烂，影响水分和养分的输送，导致生长不良，叶片逐渐变黄凋萎，最终全株枯死。病苗容易拔起，其根部皮层腐烂，表面有白色菌丝层及菌核产生。

④油茶煤烟病。

油茶煤烟病又称煤病或烟煤病，油茶树受害后，光合作用减弱，直接影响油茶树生长，严重时枝枯叶落，最终枯死。煤烟病由煤炱菌引起，煤炱菌是油茶枝叶表面的腐生物，以蚧类、蚜虫、粉虱等害虫的分泌物为营养来源，因此，在这些害虫为害的苗木或林分中，常同时发生煤烟病。

煤烟病的防治方法：

加强苗圃管理，及时除草，保持适当的密度，通风透光，及时施肥，强健树体。初发病时，诱病蚜虫和油茶煤烟病只是出现在个别枝叶或局部区域上，应及早除去这些病虫枝叶加以烧毁，以免扩散蔓延。

⑤蚜虫。

蚜虫为害油茶苗木后，分泌物供煤炱菌生长，从而引发油茶煤烟病。因此，发生蚜虫为害以后，必须剪去病虫枝，挖除将死株，集中烧毁，同时用松脂合剂 20 倍稀释液或 40% 蚧杀净乳剂 1000 倍稀释液喷洒非病株。

蚜虫的防治方法参考煤烟病的防治方法。

1 年生油茶嫁接苗蚜虫为害状

苗圃地设施维护：

对苗圃基础设施维护更新，维修好苗圃地灌水设施，建立良好的灌溉排水系统，有效保障苗圃地水源充足。

4. 油茶低产林改造

换冠嫁接改造

将上一年秋季高接换冠的保温、保湿袋去除。除萌。

4 月栽培工作历

（一）油茶物候期

4 月节气：4 月 4 ～ 6 日清明，4 月 19 ～ 21 日谷雨。

4 月气温继续升高，降雨增多，油茶枝梢、根系生长旺盛，根系进入迅速生长期，油茶叶片老熟，植株制造养分的能力和吸收能力增强。果实以体积增长为主，进入生理落果期。病虫害增多。

油茶结果树的物候期为春梢老熟期、第一次生理落果期。

油茶幼年树的物候期为春梢老熟期。

油茶苗木的物候期为春梢期。

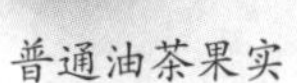

普通油茶果实

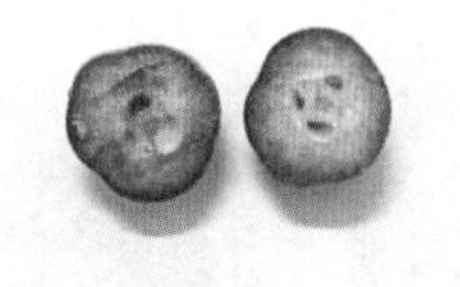

普通油茶果实横切面

普通油茶果实纵切面

4 月普通油茶果实生长情况

4 月普通油茶结果树处于春梢老熟期和生理落果期

4 月博白大果油茶结果树处于春梢老熟期

4 月广宁红花油茶结果树处于春梢老熟期

4 月宛田红花油茶结果树处于春梢老熟期

4 月陆川油茶结果树处于春梢老熟期

4 月香花油茶结果树处于春梢老熟期

（二）栽培管理的中心工作

油茶结果树：促进春梢老熟、保果。

油茶幼年树：促进春梢老熟。

油茶育苗：嫁接及嫁接后管理。

（三）栽培技术措施

1. 油茶结果树管理

（1）追施稳果肥

继续完成 3 月追施稳果肥、喷施叶面肥、修剪、疏果、植物激素保果工作，工作方法参考 3 月栽培工作历。

（2）防治病虫害

本月主要病害是为害嫩叶、嫩梢和果实的油茶炭疽病；为害叶、芽、花柄和果实的油茶黑斑病，为害老叶的油茶藻斑病；为害叶子、嫩梢、幼芽和果实的油茶软腐病。

本月主要虫害：广西灰象、茶二叉蚜、油茶蓟马、蓝绿象、油茶尺蛾、油茶枯叶蛾、半带黄毒蛾、茶大蓑蛾、八点广翅蜡蝉、油茶宽盾蝽、吹绵蚧、岱蝽、白蛾蜡蝉、褐缘蛾蜡蝉、缘纹广翅蜡蝉、麻皮蝽、茶籽象甲虫。

油茶疮痂病、广西灰象、茶二叉蚜、油茶蓟马、油茶枯叶蛾、半带黄毒蛾、油茶宽盾蝽、吹绵蚧、白蛾蜡蝉、褐缘蛾蜡蝉等病虫害的发病规律、形态特征、为害特点和防治方法参考 3 月栽培工作历。

①油茶炭疽病。

油茶炭疽病是油茶的主要病害，由具有分生孢子盆的次盆孢属或长盆孢属的真菌引起。除为害油茶种子、幼苗外，在大面积油茶栽培区也普遍发生，主要为害嫩叶、嫩梢、花蕾、果实。该病害为害嫩叶和嫩梢的时间主要是4月、7月和9月，为害果实的时间主要是4～5月、8～9月，为害花蕾的时间主要是7～8月。病害发生后，会引起落蕾、落果，严重时枝梢枯萎，甚至整株死亡，造成减产。

油茶炭疽病为害嫩叶状

症状特点：一般是叶、枝条、花、果实的受害部位出现不同颜色的凹陷斑，斑点发生扩展，使受害部位发生萎凋，造成组织死亡。嫩叶病斑一般发生在叶间、叶缘，半圆形或不规则形，褐色或黑褐色，有不规则轮状细皱纹，边缘紫红色。老叶病斑下陷，褐色或黑褐色，有不规则、较稀轮纹，边缘紫红色。4月春季嫩梢上病斑一般发生在基部，发病初期呈舌状，后变为椭圆形，褐色或黑褐色，边缘红褐色。7月和9月多数在树基、树干、大枝上不定芽萌生梢发病。在小枝条上病斑为梭形、下陷的溃疡斑；在大枝条和树干上为轮枝状大型病斑，由外向内逐层下陷。病斑范围内木质部呈灰黑色。当病斑环枝梢一周时，枝梢逐渐枯死。花蕾的病斑一般发生在基部鳞片上，不规则形，黑褐色，后期灰白色，上有小黑点。果实上的典型症状初期为果面上出现红褐色小点，后扩大，变为褐色至黑褐色圆斑，后期的病斑上轮生小黑点。雨后，露水浸润和湿度大时，病斑上产生粉红色颗粒状、黏质的分生孢子堆。

油茶炭疽病为害果实

普通油茶果实感染油茶炭疽病导致大量落果

②油茶黑斑病。

油茶黑斑病由多种真菌引起，主要为害油茶叶、芽、花柄和果实。病害发生为害的时间主要是4月、7月和9月，潮湿季节容易发病，低洼积水、通风不良、光照不足的环境条件容易发病，肥料不足、管理不当也容易发病。

症状特点：叶片发病初期，叶表面出现红褐色小点，逐渐扩大成圆形或不定形的紫褐色或暗黑色病斑，呈放射状。后期病斑上散生黑色小粒点。为害严重时，油茶树下部叶片枯黄，导致落叶、枯枝、落蕾、落果。

③油茶藻斑病。

油茶藻斑病主要发生在长江以南的广大油茶产区，是油茶树冠上、中、下部老叶上的一种常见病害，在湿度大、通风透光不良的油茶林中发病比较严重。贫瘠土壤、积水及干燥地也发病严重。油茶染病后，叶片光合作用受影响，严重的会落叶，影响油茶树的生长和产量。发生为害的时间主要是4月。

油茶藻斑病为害状

症状特点：油茶老叶上正反面均可发生病斑。病原为寄生性锈藻，病斑初期是叶上产生淡黄色圆形斑点，有的呈“十”字形，病斑逐步发展成灰绿色，稍有突起，呈放射状向四周扩展。病斑中期明显隆起，呈黄绿色，中间有褐色小点。病斑后期呈暗褐色，近圆形或不规则形，表面光滑稍隆起，放射状分枝上有毡状物，有纤维状纹理和茸毛。

④油茶软腐病。

油茶软腐病主要为害油茶叶片、果实、幼芽、嫩梢，对油茶苗木的为害尤为严重。病害侵染叶片后，如遇连续阴雨天气，病斑扩展迅速，边缘不明显，叶肉腐烂，呈淡黄褐色，形成“软腐型”病斑，在2～3天内病叶纷纷脱落；侵染后如遇天气转晴，病斑扩展减缓，边缘棕黄色至黄褐色，中心褐色，边缘明显，形成“枯斑型”病斑，病叶不易脱落。病害感染苗木后，引起大量落叶，严重时整株叶片落光、苗木枯死。果实感染病后，雨季病斑迅速扩大成圆形或不规则形，病部组织软化腐烂，如遇高温干旱天气，病斑呈不规则开裂。病害侵染未木质化的嫩梢和幼芽后，受害嫩芽或幼梢变成淡黄褐色，然后变成棕褐色，凋萎枯死。油茶软腐病病菌的传播和侵染需要雨水和高湿的环境，山坳洼地、缓坡低地、油茶种植密度大的林分，发病比较严重；管理粗放，萌芽枝、脚枝丛生的林分发病比较严重。发生为害的时间主要是4～6月、10～11月。

防治方法：加强培育管理，提高油茶林的抗病能力。疏伐过密林，清除越冬病叶、病果、病枯梢，及时松土除草。

化学防治：采穗圃、苗圃主要采用药剂防治。用1∶1∶100等量式波尔多液，在春梢展叶后喷雾防治，每隔20～25天再喷1次。

油茶软腐病为害油茶苗叶子

油茶软腐病为害油茶果实

⑤油茶尺蛾。

油茶尺蛾属鳞翅目尺蛾科，又名油茶尺蠖、云纹尺蛾。以幼虫咀食叶片为害油茶，影响油茶树生长发育，严重时，叶片被吃光，造成落果，影响产量。当油茶林连续2～3年受害严重，油茶树会枯死。主要发生在4～7月。

成虫：灰褐色至褐色，体长15～20 mm，翅展35～50 mm。虫体粗短，被有黑色、灰白色鳞毛；一般雌蛾较雄蛾体色浅。雌蛾触角线状，雄蛾触角羽状。前翅外横线和内横线清晰，后翅外横线较直，前翅较狭长，后翅较短小。胸和翅的腹面呈灰色。雌蛾末端丛生黑褐色茸毛，腹部较雄蛾膨大，雄蛾腹末端略为尖细。

卵：椭圆形，长径约0.6 mm，短径约0.3 mm，初产时呈草绿色，逐渐变为黄绿色，近孵化时呈灰黑色。

幼虫：老熟幼虫体长40～55 mm，背部黄褐色，胸、腹部红褐色，体密布黑褐色斑点，两侧有角状突起，额部具有“V”字形的黑斑。

蛹：长椭圆形，深红褐色，头部顶端两侧有2个小突起，臀刺先端分2叉。

⑥茶大蓑蛾。

茶大蓑蛾属鳞翅目蓑蛾科，又名大巢蓑蛾、大袋蛾、大背袋虫、茶蓑蛾或

茶大蓑蛾为害状

茶袋蛾。以幼虫咬食叶片为害油茶树，喜集中为害，影响油茶树生长，为害严重时，可造成油茶树死亡。主要发生在4～5月、7～8月。

成虫：雌雄异型。雌成虫虫体肥大，蛆状，淡黄色，无翅无足，触角、口器、复眼均退化，头部淡红褐色，腹部肥大，胸部和第一腹节侧面有黄色毛，第4～7腹节周围有黄色短毛。雄蛾翅展20～40 mm，褐色或茶褐色，胸背面有淡色纵纹。前翅红褐色，有黑色和棕色斑纹，在近外缘处有2个透明斑；后翅黑褐略带红褐色。

卵：椭圆形，长径约0.8 mm，浅黄色，带有光泽。

幼虫：雄虫体长15～25 mm，浅褐色或黄褐色；雌虫体长25～36 mm，红褐色。胸部有褐色网状斑。

蛹：雄蛹为被蛹，附肢和翅都包被在一层膜里，长13～18 mm，黑褐色；雌蛹为围蛹，外面包裹一层由幼虫末龄的皮所化成的蛹壳，长18～25 mm，红褐色。

⑦八点广翅蜡蝉。

八点广翅蜡蝉属同翅目蝉亚目广蜡蝉科，又名八点蜡蝉、桔八点光蝉、八点光蝉、黑羽衣。以成虫、若虫刺吸叶、叶柄、嫩枝、嫩梢汁液为害油茶树，排出的蜜露易诱发油茶煤烟病，削弱树势。卵产于当年生枝条内，不仅影响枝条生长，严重时枝条产卵部位以上枯死。主要发生在4～6月。

成虫：体长9～11 mm，翅展22～26 mm；虫体褐色至黑褐色，散布白蜡粉；触角短小，呈刚毛状；单眼红色；翅革质，纵横脉呈网状密布，前翅宽大近三角形，散布白蜡粉，蜡粉易脱落，翅上有6个白色透明斑，后翅半透明，脉纹近黑色；腹部、足褐色，后足胫节外侧有2根刺。

卵：长卵形，长约1 mm，顶端有一圆形小突起，初产时为乳白色，后渐变淡黄色。

若虫：菱形，长5～6 mm，宽3～4 mm，暗黄褐色，具深浅不同的斑纹，散布白色蜡粉。

⑧缘纹广翅蜡蝉。

缘纹广翅蜡蝉成虫

缘纹广翅蜡蝉属同翅目广蜡蝉科。以卵在嫩梢内越冬，成虫、若虫群集在荫蔽的嫩梢、果干、枝干上刺吸汁液为害油茶树。春季，越冬卵孵出若虫刺吸嫩梢汁液为害，并分泌蜡丝。6～7月成虫盛发，在油茶树丛间飞跃活动，刺吸夏秋季嫩梢汁液为害，刺裂枝梢皮层产卵，导致嫩梢干枯，排出的蜜露易诱发油茶煤烟病，削弱树势。主要发生在4～9月，为害时间长。

成虫：体长6～7 mm，翅展20～26 mm；体色褐色至深褐色；前翅黑褐色，前缘有一个半圆形透明斑，后缘有大小2个不规则透明斑，外缘散布若干细小的透明斑点；翅面散布白色蜡粉，蜡粉易脱落；后翅深褐色半透明。

卵：纺锤形，长0.6～0.9 mm，乳白色。

若虫：老龄若虫盾形，长4～6 mm，灰白色，腹部末端扇状附着白色波浪状蜡丝。

⑨麻皮蝽。

麻皮蝽为害果实

麻皮蝽属半翅目蝽科，又名黄斑椿、臭屁虫、臭大姐。以成虫、若虫的锥形口器吸食油茶嫩梢、叶片、果实、花蕾汁液为害，引起嫩梢、叶片枯黄，引起落果、落蕾，影响油茶树生长发育，严重的会引起嫩梢、叶片、果实、花蕾枯萎。麻皮蝽为害嫩梢的时间是4月，为害叶片的时间是6～10月，为害果实的时间是5～9月，为害花蕾的时间是7～8月，为害时间长。

成虫：椭圆形，体长18～25 mm，宽10～12 mm。体黑褐色，散布有不规则的黄色斑纹。头部突出，背面有1条黄色细纵纹从顶端中线向下延伸至小盾片基部。触角黑色，触角末节基部有1条黄色细中纵线。触角末节基部、胫节中段有黄色小斑点。前胸背板、小盾片黑色。腹部背面黑色，侧接缘黑白相间，腹面黄白色，腹中央有凹纵沟。后足基节旁有臭腺孔，遇敌时即放出挥发性的臭气。

卵：圆球形，直径1～2 mm，淡黄绿色。

若虫：扁椭圆形，黑褐色，被白粉，头背中央有1条淡黄色小纵线从顶端中线向下延伸至小盾片。腹部背面中央有3对红褐色圆斑，其中有分泌挥发性臭气的臭腺孔。

⑩岱蝽。

岱蝽属半翅目蝽科蝽亚科，以成虫、若虫的锥形口器吸食油茶嫩梢、嫩芽、果实和花蕾汁液为害，引起嫩梢、嫩芽枯黄，导致落果、落蕾，影响油茶树生长发育，严重的会引起嫩梢、嫩芽、果实、花蕾枯萎。岱蝽为害时间是4～7月。

岱蝽为害果实

成虫：体长14～18 mm，体淡赭色，具暗绿斑。头暗绿色，具淡赭色斑纹；触角黑色，上有3段呈黄褐色。前胸背板隐约可见4～5条暗绿色纵带；前胸背板前侧缘锯齿状，侧角黑色结节状，上翘，末端平钝。前翅膜片淡烟色，有若干暗褐色小斑。足黄褐色，节端色暗。前足胫节扩大呈叶状。腹面黄色，第6腹节正中有2个大黑斑。

⑪ 茶籽象甲虫。

茶籽象甲虫属鞘翅目象甲科，又名螺纹象、山茶象。以成虫将卵产在油茶果种仁中为害，造成落果、减产。幼虫在油茶果内蛀食种仁，引起果实中空，幼果脱落。成虫用象鼻状咀嚼式口器啄食油茶果实、嫩梢表皮，影响果实产量和质量，使嫩梢枯死，影响植株生长。主要发生在4～9月果实生长发育期，为害时间长。

成虫：体长6～10 mm，黑色，具金属光泽，疏被白色鳞片。喙细长略弯，长 6 ～ 10 mm，触角着生于喙端部的 1/3 ～ 1/2 处。体背具排列规则的白色鳞斑，中胸两侧的白斑明显。鞘翅上有白色鳞片排成的白斑。小盾片上有点状白色绒毛丛。

卵：黄白色透明，长椭圆形，长约 1 mm，一头稍尖。

幼虫：体长 10 ～ 18 mm，初孵幼虫乳白色，老熟幼虫淡黄色，头黄褐色，体肥多皱，背拱腹凹，略成 C 形弯曲，足退化，但挪动很快。

蛹：体长 9 ～ 13 mm，黄褐色。

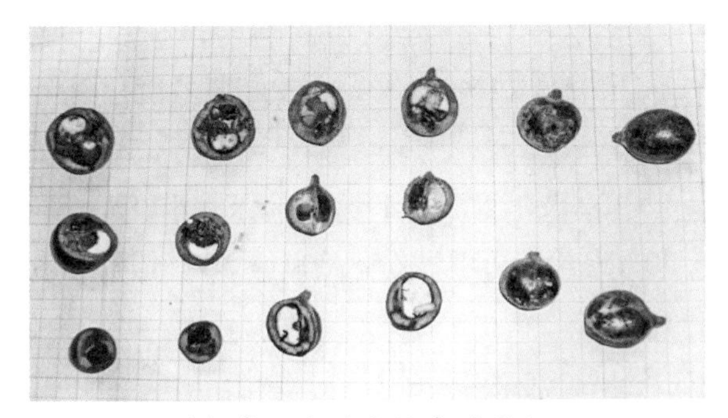

茶籽象甲虫幼虫蛀食的果仁

茶籽象甲虫为害果实

⑫ 蓝绿象。

蓝绿象属鳞翅目象虫科，又名绿鳞象甲、绿绒象甲、大绿象甲。以幼虫在地下为害油茶幼根，成虫取食油茶嫩枝、嫩叶、芽、嫩梢、叶片、树皮，影响油茶树生长，严重时将叶片吃光。主要发生在 4 ～ 10 月，为害时间长。

蓝绿象为害油茶叶子

成虫：体长 12 ～ 18 mm。体肥而扁，呈纺锤体形，乌黑色，越冬前变为紫褐色，春季出土后变为紫铜色或青绿色，密被蓝绿色鳞片，具金属光泽，鳞片的颜色随着观察角度的不同而显示出蓝色或绿色。雄虫鳞片间散布银灰色或淡黄色直立柔毛，雌虫散布鳞片状毛。鳞片表面附着黄色粉末。

卵：椭圆形，灰白色，长约 1 mm。

幼虫：老熟幼虫长约 15 mm，乳黄色，头黄褐色，体稍弯。

蛹：裸蛹，附肢和翅等不贴附于体上，可活动，长约 15 mm，乳黄色。

病虫害综合防治：加强油茶林分的经营管理，及时剪除病枝，摘除病叶、病果、虫卵、虫囊，及时收集病、虫落果，集中烧毁。刮治大枝和主干上的病斑，并用 0.1% 升汞水或 75% 酒精消毒受害部位，涂波尔多液保护。

病害防治：

油茶黑斑病：发病时，用 20% 硅唑—咪鲜胺 800 倍稀释液、75% 百菌清 500 倍稀释液或 80% 代森锌 500 倍稀释液喷施，每 5 ～ 7 天喷 1 次，连喷 3 ～ 4 次。病情严重时，用 20% 硅唑—咪鲜胺 600 倍稀释液喷施，每隔 3 天用药 1 次。

油茶藻斑病：发病时，喷施 1∶0.5∶（160 ～ 200）的波尔多液，每隔 10 ～ 15 天喷 1 次，喷 2 ～ 3 次。

油茶白星病：发病时，用 1∶1∶100 波尔多液加 1% ～ 2% 茶枯水、50% 多菌灵可湿性粉剂 500 倍稀释液或 50% 退菌特可湿性粉剂 800 ～ 1000 倍稀释液喷施防治。

虫害防治：

油茶尺蛾：幼龄幼虫期可喷洒 20% 氰戊菊酯乳油 2000 ～ 3000 倍稀释液、鱼藤精 300 ～ 400 倍稀释液进行防治，或用白僵菌、苏云金杆菌每毫升 1 亿～ 2 亿孢子的菌液喷杀 2 ～ 3 龄幼虫。注意保护油茶尺蛾的天敌，如鸟类中的棕头鸦雀、大山雀、鹁鸡、白头鹎、竹鸡等，姬蜂、土蜂等寄生蜂。用灯光诱杀成虫。利用成虫假死性，于清晨人工捕杀。

油茶宽盾蝽：若虫用 50% 杀螟松乳油 1000 倍稀释液、40% 乐果乳油 1000 倍稀释液或 2.5% 溴氰菊酯喷雾毒杀。

茶大蓑蛾、蓝绿象：及时摘除虫囊，集中烧毁。在幼虫低龄盛期喷洒 90% 晶体敌百虫 800 ～ 1000 倍稀释液、50% 杀螟松乳油 1000 倍稀释液或 50% 辛硫磷乳油 1500 倍稀释液喷雾毒杀。还可喷洒杀螟杆菌或青虫菌进行生物防治。

八点广翅蜡蝉：修剪时，剪除有卵块的枝条集中烧毁，减少虫源。虫为害期结合防治其他害虫可兼治此虫。喷施的药液中加入含油量 0.3% ～ 0.4% 的柴油乳剂或黏土柴油乳剂，可显著提高对八点广翅蜡蝉的防治效果。

茶籽象甲虫：利用成虫假死性于成虫盛发期摇动油茶树，捕杀下落成虫。成虫盛发期，喷施绿色威雷 200 ～ 300 倍稀释液防治。

2. 油茶幼年树管理

（1）新造林地管理

定植造林或补植造林。参考 1 月栽培工作历。

（2）幼龄林管理

①继续完成幼龄林施肥工作。参考 3 月栽培工作历。

②防治病虫害。参考本月油茶结果树管理中的病虫害防治方法。

3. 油茶育苗

（1）油茶采穗圃

密植采穗圃修剪，短截复壮。

根据嫁接工作进度，本月采穗圃穗条处于萌发、生长老熟阶段，因此，生产管理中，注意观察是否有病虫为害，及时防治。防治方法参考本月结果树管理中的病虫害防治方法。

左重度修剪、右回缩复壮春梢萌发

密植采穗圃母株短截复壮

（2）苗圃管理

实生苗育苗、扦插育苗、芽苗砧嫁接育苗、油茶小砧嫁接育苗在本月均进入苗床管理阶段，包括揭开薄膜和遮阴网、除草、淋水、淋消毒水、除萌、场地清理、搬挑差苗、清理空杯等。拆遮阴棚、揭薄膜炼苗。选择合格苗木出圃销售。

实生苗揭开薄膜除草

扦插苗揭开薄膜、遮阴网炼苗

实生苗揭开薄膜、遮阴网炼苗

达到出圃标准的苗木

4. 油茶低产林改造

年亩产油茶果实 4 年平均值在 40 kg 以下，或年亩产茶油 4 年平均值在 10 kg 以下的油茶林称为低产林。形成油茶林低产的原因主要有 3 个：一是林分年龄大，树龄超过 50 年，林分衰败，病虫害为害严重，树势差，产量极低。二是林分年龄不大，树龄小于 40 年，但是管理水平低，杂灌丛生，林分结构比较好，但是林相差、树势一般。三是林分年龄不大，树龄小于 40 年，林相整齐，树势生长旺盛，但品种不良。

为了提高油茶林的经济效益，需要对油茶低产林进行改造。不同原因造成的低产林，采取的改造方式不一样，树龄超过 50 年的低产林分，全林采伐以后重新造林，方法与新造林地一样；树龄小于 40 年，但是管理水平低的低产林分，采取高效、高产的管理方式，方法参考本书油茶结果林的管理方式，同时还可以采取截干更新、截枝更新、回缩更新、露骨更新等方式；树龄小于 40 年，但品种不良的低产林分，采用换冠嫁接的方式进行改造。

换冠嫁接改造方法：换冠嫁接前要对低产油茶林地进行全面垦复，砍杂灌、除草，开好排灌沟、畦沟，每株开沟施腐熟猪粪或牛粪 15 ～ 20 kg，以促进嫁接后新梢生长，尽快形成丰产树形。

5 月栽培工作历

（一）油茶物候期

5 月节气：5 月 5 ～ 7 日立夏，5 月 20 ～ 22 日小满。

5 月气候是气温继续升高，日照增多，降雨迅速增多，雨季来临，容易出现高温干旱、雨涝天气，高温干旱影响小果生长发育。油茶根系生长进入盛期，可明显区分出叶芽和花芽。

油茶结果树的物候期为春梢老熟期和幼果发育期，第一次夏梢生长期。

油茶幼年树的物候期为萌发夏梢。

油茶苗木的物候期为夏梢生长期。

5 月普通油茶果实生长情况

5 月油茶结果树春梢老熟并处于幼果发育期

5 月油茶幼年树萌发夏梢

5 月油茶 1 年生嫁接苗抽发夏梢

5 月博白大果油茶结果树春梢老熟并处于幼果发育期

5 月广宁红花油茶结果树春梢老熟并处于幼果发育期

5 月宛田红花油茶结果树春梢老熟并处于幼果发育期

5 月陆川油茶结果树春梢老熟并处于幼果发育期

5 月香花油茶结果树春梢老熟并处于幼果发育期

（二）栽培管理的中心工作

油茶结果树：保果、壮果、壮梢。

油茶幼年树：促进和保护夏梢生长。

油茶育苗：促进和保护夏梢生长。

（三）栽培技术措施

1. 油茶结果树管理

（1）除草

民间有谚语："一年不垦草成行，两年不垦减产量，三年不垦叶子黄，四年不垦茶山荒。"直接道出油茶林铲草抚育的重要性。本月杂草、灌木生长旺盛，已经影响油茶树的生长发育，应及时除草。有水的地方可以使用除草剂喷施，条件不允许的地方需人工除草。

油茶结果树林分喷除草剂除草

油茶树垦覆壅土

（2）垦覆壅土

强化抚育，砍灌、除草、垦覆、培土，将枯枝、灌木、杂草还山养树，落叶归根，增强树势，达到以山养山的目的，提高单位面积的茶油产量。

全垦：地势平坦，坡度不大的油茶林地，全面深挖。坡度大于 25° 的林地，可采用"头戴草帽，腰围草带，脚穿草鞋"的留带保土全垦法，在山头、山腰、山脚各留 3 ～ 4 m 宽草带不垦，待下一年再垦，以利于水土保持，防止水土流失。

带状轮垦：坡度在 25° 左右的林地，可沿山坡等高线进行隔带垦覆。

穴垦：坡度大于 25° 的油茶林地，采用穴垦。先全林铲除杂草、灌木，然后再围绕油茶树垦覆。穴垦范围与树冠面积相同，将杂草、灌木埋入油茶根盘内，垦覆壅土。

垦覆深度不少于 20 cm，要翻大块，垦覆后使林地坑坑洼洼，起到保持水土的作用。

（3）防治水涝

①预防水涝。

广西雨季始于 5 月，因此，在雨季到来之前，应开好排水沟，防止发生水涝灾害。

②治理水涝。

油茶树受到水涝灾害后，由于树根长时间处于浸水状态，影响根部呼吸，会造成烂根、落叶、落果，甚至植株死亡。因此，要及时采取适当的技术管理措施，将水涝灾害降至最低。

a. 排水清淤，建台地，抬高油茶树园地。对低洼积水的油茶园，及时挖沟排水，将挖沟的土壤均匀堆放在上坡油茶树行间，建成台地，抬高油茶树园地。

b. 扒土晾根。排除渍水后，扒土露根晾晒 1 ～ 3 天，同时在根部喷多菌灵、敌克松等土壤杀菌剂；撒施生石灰或黑白灰，在对油茶园消毒的同时也起到改良土壤的作用。

c. 对被水冲倒的油茶树及时扶正，加固树根。树体立支柱绑缚防止晃动，避免再次伤根；扒土晾根结束后即覆土，培土覆盖裸露根系，避免根系在日光下裸露暴晒，造成树体死亡。根系已经腐烂的植株，要断根换土。

d. 松土。当积水排干、土壤晾干后，抓紧时间松土、除杂草，改善根区土壤透气性，防止根系缺氧。

e. 油茶树受到水涝灾害后，根系受伤，根系吸收能力下降，因此，当天空放晴时，要对受害油茶树喷水，防止油茶树脱水而死亡。

f. 合理施肥。油茶树受水涝灾害后，根系受损，吸收肥水的能力较弱，因此，不宜立即根部施肥，但是水灾后的树体孱弱，需要补充养分，所以，要及时喷施叶面肥。氨基酸叶面肥 500 ～ 1000 倍稀释液、尿素 0.2% ～ 0.3% 倍稀释液＋磷酸二氢钾 0.2% ～ 0.3% 倍稀释液＋芸苔素，每 7 天喷 1 次，连喷 2 ～ 3 次。

树势恢复生长后，少量多次、由少至多施腐熟的、稀释后的人畜粪尿、饼肥或尿素，诱发新根，壮旺树势。

g. 合理修剪。对受灾的油茶园，为减少枝叶水分蒸发和树体养分消耗，要及时截短多年生枝条，回缩树冠，剪除黄叶枝、枯枝、交叉枝、衰弱结果枝，疏去部分叶片或果实，以减少树冠蒸腾量，减轻树体负荷，促进新枝和根系生长，保果、壮果。

h. 预防日灼，防治病虫为害。油茶树受水淹时间过长，除受淹致死外，还容易诱发根腐病，引起枝干裂皮，导致天牛等枝干害虫产卵为害。油茶树受涝后，容易引起叶片枯黄脱落，使主干、主枝暴露于烈日下，易发生日灼。用树干涂白剂涂刷或喷雾主干、主枝，或用稻草等包扎主干、主枝，以免太阳暴晒，造成树皮开裂，防止天牛等害虫在枝干上产卵。

高温高湿造成油茶树果实开裂

广西雨热同季，雨季来临时，正值高温时节，高温、高湿容易造成油茶果实急剧膨大而发生裂果，同时加重油茶炭疽病等各种病虫为害程度，造成大量落果，因此，要及时排水，防止树根积水。

（4）防治病虫害

本月主要病害是为害果实的油茶炭疽病；为害嫩叶、芽、嫩茎的油茶白星病；为害叶子的油茶赤叶斑病；为害嫩叶、嫩梢、幼果的油茶毛毡病。

本月主要虫害：茶小绿叶蝉、眼纹疏广翅蜡蝉、广西灰象、黄带契天牛、油茶尺蛾、茶用克尺蛾、油茶枯叶蛾、幻带黄毒蛾、黄点带锦斑蛾、野茶带锦斑蛾、茶大蓑蛾、阔边梳龟甲、八点广翅蜡蝉、油茶宽盾蝽、长白蚧、山茶片盾蚧、星天牛、同型巴蜗牛、白蛾蜡蝉、褐缘蛾蜡蝉、缘纹广翅蜡蝉、麻皮蝽。

油茶白星病、广西灰象、油茶枯叶蛾、野茶带锦斑蛾、油茶宽盾蝽、白蛾蜡蝉、褐缘蛾蜡蝉等的发病规律、形态特征、为害特点和防治方法参考 3 月栽培工作历。

油茶炭疽病、油茶尺蛾、茶大蓑蛾、八点广翅蜡蝉、缘纹广翅蜡蝉、麻皮蝽等的发病规律、形态特征、为害特点和防治方法参考 4 月栽培工作历。

①油茶赤叶斑病。

油茶赤叶斑病病原菌属半知菌类叶点菌属。病原菌以菌丝体或分生孢子器在油茶树的病叶组织中越冬，翌年 5 月，形成孢子，孢子随雨水泼溅而再侵染，为害油茶树叶子。病斑初期为淡褐色圆形渍状小点，后逐步蔓延成较大的斑块，

油茶赤叶斑病为害叶子

甚至蔓延到整个叶片。病斑颜色由淡褐色变为棕褐色。发生严重时，会引起叶片大量枯焦和脱落，影响树木生长。主要发生在 5 ～ 8 月。

高温干旱环境下易诱发本病害，夏季枝叶生长茂盛，蒸腾量大，因干旱根部供水不足时，油茶树抗病性降低，容易遭受本病菌侵害。土层浅薄、根系发育不良的油茶树，也容易发病。

防治方法：干旱出现时，向叶片喷水，减少枝叶蒸腾量，防止病害发生。发病初期，可用 70% 甲基托布津 1000 ～ 1500 倍稀释液或 25% 灭菌丹 400 倍稀释液喷洒防治。

②油茶毛毡病。

油茶毛毡病为害油茶嫩梢

油茶毛毡病主要由瘿螨引起，以瘿螨刺吸叶片汁液为害，严重时，也为害嫩梢、幼果。叶片受害后，背后出现白色病斑，叶片正面组织变形呈泡状凸起，受害部位表皮茸毛增多，形成毛毡，螨虫在茸毛内活动，茸毛对螨虫具有一定保护作用。主要发生在 5 ～ 6 月和 9 月。

防治方法：发生为害后，喷施克螨特 2500 倍稀释液或螨危 5000 倍稀释液。

③茶小绿叶蝉。

茶小绿叶蝉属同翅目叶蝉科，又名浮尘子、叶跳虫等，在油茶园发生普遍。以成虫、若虫刺吸油茶树嫩梢汁液为害，消耗树木养分与水分；雌虫产卵于嫩梢组织内，使芽生长受阻；1 年发生 8 ～ 12 代，世代交替。为害严重时，受害油茶树芽叶卷缩、硬化，叶尖和叶缘红褐枯焦，芽梢生长缓慢，嫩叶脱落，直接影响油茶树的生长发育，影响苗木出圃。主要发生在 5 ～ 7 月、9 ～ 10 月。

茶小绿叶蝉为害嫩叶

成虫：体长 3 ～ 4 mm，淡绿色、淡黄绿色至绿色。

卵：弯月形或香蕉形，浅黄绿色，长约 0.8 mm。

若虫：无翅，除翅尚未形成外，体形与成虫相似，体色比成虫浅，淡绿色或草绿色。

茶小绿叶蝉卵块

茶小绿叶蝉若虫

茶小绿叶蝉成虫

④茶用克尺蛾。

茶用克尺蛾属鳞翅目尺蛾科，又名茶用克尺蠖、云纹尺蛾。常与茶尺蠖混合发生为害，以幼虫取食叶片为害油茶树。虫害主要发生在 5 月、7 月、9 ～ 10 月。

成虫：成虫体长 18 ～ 27 mm，雌蛾触角丝状，雄蛾触角栉状。体灰褐色至褐色。前翅褐色，有 5 条黑色横线，后翅褐色至红褐色，有 3 条黑色横线，前翅、后翅近外缘中央处各有一个淡褐色斑块，前翅中室上方有一个深褐色斑块。成虫有趋光性。

卵：椭圆形，长径近 1 mm，初产时草绿色，后变淡黄色，近孵化时呈灰黑色。卵粒间以胶质物粘连，形成卵块。卵块大多产于油茶树枝干缝隙处及油茶园附近林木的裂皮缝隙处。

幼虫：5 ～ 6 龄。初孵化幼虫体黑色，2 ～ 4 龄幼虫体咖啡色，5 龄幼虫体咖啡色或茶褐色，老熟幼虫体长 30 ～ 50 mm，体茶褐色，胸腹部满布间断波状纵线。

蛹：红褐色，长约 20 mm，表面布细小刻点，背部末节除腹面外呈环状突起，臂刺基部较宽大，端部二分叉。

⑤幻带黄毒蛾。

幻带黄毒蛾属鳞翅目毒蛾科黄毒蛾属，以幼虫取食叶片为害油茶树。主要发生在 5 ～ 9 月。

成虫：雄蛾翅展约 18 mm，雌蛾翅展约 30 mm。体橙黄色。触角栉齿状，黄色。前翅黄色，内横线和外横线乳白色，几平行; 后翅浅黄色。

幼虫：老熟幼虫体长约 15 mm，头部黄棕色，有褐色斑点，体棕褐色，背部有浅黄色斑，腹部有浅黄色线。

⑥黄点带锦斑蛾。

黄点带锦斑蛾属鳞翅目斑蛾科，又名茶点带锦斑蛾，以幼虫取食叶片为害油茶树。主要发生在 5 ～ 7 月。

成虫：翅展约 45 mm，体黑色或蓝黑色。前翅黑色，前缘中部有一个黄色斑，黄斑向外延伸呈一条白带。后翅黑色，后翅前缘近中部也有一个黄色斑，黄斑到翅顶部呈蓝黑色。

⑦阔边梳龟甲。

阔边梳龟甲属鞘翅目龟甲科，以若虫取食油茶叶子为害，影响油茶树生长。主要发生在 5 ～ 9 月。

成虫：卵圆形，体长 8 ～ 13 mm，形似小龟，活体金色，死后变色。体背稍隆起，周缘敞出，头部隐藏在前胸背板下，前胸和鞘翅敞边透明。敞边较宽阔，鞘翅表面光洁，具金属光泽，死后失光。成虫有假死现象。

⑧长白蚧。

长白蚧属同翅目盾蚧科。若虫和雌成虫以刺吸式口器固着于油茶树叶片、枝条上刺吸汁液为害，容易诱发油茶煤烟病，郁闭度高的油茶园、偏施氮肥、生长衰弱以及幼龄油茶园容易发生长白蚧为害。油茶园遭受虫害后树势衰弱，叶片瘦小、稀疏，落叶、枯枝，果实出油率降低，产品质量和产量明显下降，严重时可导致大面积油茶树死亡。主要发生在 5 月、7 月和 9 月。

成虫：体长 0.5 ～ 1.8 mm，介壳上附有一层白蜡，使介壳呈灰白色，形状细长。雌成虫梨形，淡黄色，无翅，个体较雄成虫大；雄成虫淡紫色，有 1 对白色半透明翅。

卵：椭圆形，长约 0.2 mm，淡紫色，卵壳白色。

若虫：初孵若虫浅紫色，椭圆形，触角和足发达，可爬行；若虫成长后，体色逐步变为淡黄和橙黄色，触角和足退化；老熟若虫淡黄色，梨形。

蛹：长白蚧属于渐变态昆虫，雌虫发育经过卵、若虫和成虫 3 个阶段，雄虫发育经过卵、若虫、蛹和成虫 4 个阶段，蛹期又分预蛹和蛹 2 个时期。长白蚧预蛹淡黄色，长椭圆形，腹末有 2 根尾毛；蛹紫色，腹末有一针状交尾器。

⑨山茶片盾蚧。

山茶片盾蚧属同翅目盾蚧科，又名茶片盾蚧、山茶糠蚧。若虫和雌成虫以刺吸式口器固着于油茶树叶片、嫩枝、花蕾上刺吸汁液为害，容易诱发油茶煤烟病，郁闭度高、透光性差的油茶园容易发生山茶片盾蚧为害，干燥、高温的天气则不易发生。油茶园遭受虫害后树势衰弱，叶片瘦小、稀疏，落叶、枯枝，果实出油率降低，产品的质量和产量明显下降，严重时可导致大面积油茶树死亡。主要发生在 5 月、7 月和 9 月。

山茶片盾蚧为害油茶树嫩枝、嫩叶

成虫：椭圆形，体长 0.6 ～ 0.8 mm，紫红色。雌虫长椭圆形，白色或灰褐色；雄虫长条形，黄绿色或白色。

卵：椭圆形，长约 0.3 mm，淡红色。

若虫：初孵若虫红色，卵形，足发达；若虫成长后，变为长卵形，体色变为紫红色。

蛹：紫红色。

⑩星天牛。

星天牛属鞘翅目天牛科。以成虫啃食嫩枝嫩梢树皮、幼虫蛀食树干基部韧皮部和木质部为害油茶树。受害严重时，树干基部被环状蛀食，影响水分和养分输送，常造成油茶树枯死。星天牛成虫 5 月下旬羽化，将卵产在树根基部树

油茶树受星天牛为害后枯死

皮内，6月上旬幼虫孵化后蛀入树根基部，蛀食树干韧皮部和木质部后形成虫道，并在虫道内越冬、结蛹，时间长达1年，为害期长，生活十分隐蔽，难以防治。基干受害处常看到有木屑状虫粪。株间受害差异显著，星天牛更倾向于在树势较弱的油茶树或树干受损部位产卵。成虫为害主要发生在5～6月。5月下旬是成虫羽化高峰期，也是防治虫害的关键时期。

成虫：雌成虫体长20～45 mm，宽8～16 mm，触角超出身体长度。体呈亮黑色，具金属光泽。头部和身体腹面被银白色和部分蓝灰色细毛。触角黑色，除第1～2节基部黑色外，其余各节基部1/3处有淡蓝色毛环。前胸背板左右各有1枚白点，两侧具尖锐粗大的侧刺突起。鞘翅黑色，每鞘翅具大小多个白斑。

卵：长椭圆形，一端稍大，长4～6 mm，初产时白色，以后渐变为乳白色，孵化前为黄褐色。

幼虫：老熟幼虫呈长圆筒形，略扁，体长40～70 mm，前胸宽达11～12 mm，乳白色至淡黄色。前胸背板前缘部分色淡，其后有1对形似飞鸟的黄褐色斑纹；前缘密生粗短刚毛；前胸背板的后区有1个明显的黄褐色的“凸”字纹；前胸腹板中前腹片分界明显。腹部背部泡突微隆，具2条横沟及4列念珠状瘤突。

蛹：长椭圆形，长30～40 mm，淡黄色，羽化前逐渐变为黄褐色至褐色。

⑪ 同型巴蜗牛。

同型巴蜗牛属软体动物门腹足纲柄眼目巴蜗牛科，以初孵幼螺取食叶肉，成螺用齿舌将叶、茎磨成小孔或将其吃断为害油茶树，影响树木生长。郁闭度高、阴暗潮湿、枯枝落叶层厚、腐殖质层深厚、根际土壤疏松湿润的环境容易发生同型巴蜗牛为害。主要发生在5月。

成螺：壳高约12 mm、宽约16 mm，有5～6个螺层，顶部几个螺层略膨胀，螺旋部低矮。壳质厚，坚实，扁球形。壳顶钝，缝合线深。壳面呈淡黄褐

同型巴蜗牛

色或淡红褐色，有稠密而细致的生长线。体螺层周缘或缝合线处有1条红褐色带。壳口呈马蹄形，口缘锋利，轴缘外折，遮盖部分脐孔。脐孔小而深，呈洞穴状。个体之间形态变异较大。

卵：圆球形，直径约2 mm，初为白色，有光泽，后渐变淡黄色，近孵化时呈土黄色。

幼螺：初孵化时淡黄褐色，壳透明。

⑫ 眼纹疏广翅蜡蝉。

眼纹疏广翅蜡蝉

眼纹疏广翅蜡蝉属同翅目广翅蜡蝉科，以成虫、若虫群集于油茶树嫩枝、叶片、叶柄、花柄、幼果等部位吸取汁液为害，严重影响油茶的生长发育及产量。成虫、若虫在受到惊吓时会瞬间弹跳飞行。主要发生在5～9月。

成虫：体形较大，初看似蛾类。翅展约18 mm，体褐色或黄褐色，翅膀部分透明，前翅中央具黑色的眼状斑纹，眼纹上方有1枚小黑点。

若虫：初始若虫尾部末端具蜡丝，成长后蜡丝会消失。

虫害防治措施：同型巴蜗牛、眼纹疏广翅蜡蝉零星发生时不需防治。局部为害严重时，人工捕杀同型巴蜗牛成螺、幼螺和卵，摘除蜡蝉卵块并集中烧毁。

同型巴蜗牛发生较大面积为害时，用茶子饼粉3 kg撒施，或用茶子饼粉1～1.5 kg加水100 kg，浸泡24小时后，过滤，取其滤液喷雾，或用50%辛硫磷乳油1000倍稀释液喷雾，或每亩用8%灭蜗灵颗粒剂1.5～2 kg，碾碎后拌细土，于天气温暖、土表干燥的傍晚撒在受害株根部附近，2～3天后同型巴蜗牛会因接触药剂分泌大量黏液而死亡。

眼纹疏广翅蜡蝉发生较大面积为害时，成虫盛发期可设置黑光灯诱杀，或用 2% 烟碱乳剂 900 ～ 1500 倍稀释液喷雾防治。

茶小绿叶蝉防治方法：清除油茶园及附近杂草，减少虫口密度。喷施 40% 乐果乳剂 3000 倍稀释液、50% 杀螟松乳剂 2000 倍稀释液或 50% 马拉松乳剂 1000 倍稀释液防治。

长白蚧防治方法：用 25% 亚胺硫磷乳剂 800 倍稀释液、50% 马拉硫磷乳剂 800 倍稀释液或洗衣粉 100 ～ 200 倍稀释液喷雾防治。

星天牛防治方法：

a. 营林措施：天牛嗜食苦楝树，可在油茶园周围种植苦楝树作为诱饵树种，诱集天牛后集中杀灭，降低星天牛虫口密度和对油茶树的为害。苦楝树的有效诱集距离在 200 m 左右，在成虫高峰期引诱天牛的数量占总数量约 70%。

b. 物理防治：及时伐除枯折树木，人工捕杀成虫，刮除虫卵，锤击幼龄幼虫等。

c. 化学防治：用氧化乐果配煤油直接喷射到虫洞中杀死幼虫，效果良好。

2. 油茶幼年树管理

（1）新造林地管理

①除草、防治水涝灾害、预防病虫灾害，方法参考本月油茶结果树管理工作历。

②扩坎、整理树盘、培土扶兜。非全垦造林地，造林后结合除草工作扩坎、整理树盘；全垦造林地，结合除草工作整理树盘。树盘遭受到雨水冲刷根系裸露的要培土扶兜，使树盘既能起到旱季保水作用，又能使雨季不积水，防止积水烂根。

③有条件的新造林地，可向叶面喷施 0.1% ～ 0.5% 的磷酸二氢钾、尿素、碳铵等速效肥料与生长调节剂叶面肥，促进油茶幼树生长。

（2）幼龄林管理

①除草、垦覆壅土、防治水涝灾害。参考本月油茶结果树管理工作历。

②防治病虫害。参考本月油茶结果树管理中的病虫害防治方法。

3. 油茶育苗

（1）除草、防治水涝灾害、预防病虫灾害

方法参考本月油茶结果树管理工作历。剪枝条。

（2）嫁接苗除萌

（3）苗木肥水管理

干旱时及时淋水，每隔 7 ～ 10 天淋 1 次稀薄粪水，可向叶面喷施 0.1% ～ 0.5% 的磷酸二氢钾、尿素、碳铵等速效肥料与生长调节剂叶面肥，促进油茶苗木生长。

（4）搭建遮阴棚

及时搭盖遮阴网遮阴，保温保湿，预防日灼。

4. 油茶低产林改造

换冠嫁接改造

换冠嫁接改造是指采用国家和自治区林木品种审定委员会审（认）定的优良无性系穗条，对低产油茶林木进行换冠嫁接。需要进行换冠嫁接的低产油茶树称为砧木。具体方法为：

换冠嫁接

①断砧。将选好的砧木在离地 60 ～ 100 cm 处锯断，每株保留 2 ～ 3 个主枝作营养枝和遮阴用，其余枝则全部从基部清除。

②削砧。用嫁接刀削平砧木锯口，使断砧面里高外低，略有斜度。

③切砧拉皮。用单面刀片在砧木断口处往下平行切两刀，深达木质部，两刀之间的距离和接穗大小一样，长度和接穗长短一样，然后将树皮挑起拉开。

④拉切接穗。用单面刀片在穗条芽反面从芽基下方平直往下斜切一个长 2 cm 左右的切面，以稍见木质部，基部可见髓心为宜；接着在叶芽下方斜切一个 20 ～ 30° 斜面的马耳形短接口，再在芽尖上方平切一刀，即得一芽一叶的接穗。接穗切好后要浸入清水中保存待用。

⑤插接穗。将接穗长切面朝向断砧内，对准一边形成层插入拉皮槽内，使接穗切面稍高出砧木断口，然后将砧木上挑起的树皮覆盖在接穗的短切面上。每个砧木接 2 ～ 3 个接穗。

⑥绑扎。用 2 ～ 2.5 cm 宽的耐拉薄膜带，自下而上地将接穗和砧木绑扎紧。绑扎时注意防止接穗移动。

⑦保湿遮阴。罩上塑料袋密封保湿接穗，然后用牛皮纸等按东西方向扎在塑料袋外层遮阴。

⑧涂农药防虫。嫁接后用蘸有农药的毛笔在牛皮纸的下方绕砧木画一圈，防止蚂蚁等为害嫁接部。

6月栽培工作历

（一）油茶物候期

6月节气：6月5～7日芒种，6月21～22日夏至。

6月气候是气温继续升高，天气炎热，日照时间长，光照充足，出现集中降雨过程，极容易出现高温干旱、雨涝天气。油茶根系进入一年中生长最快时期。春梢基本结束生长后开始进行花芽分化。

油茶结果树的物候期为果实膨大期，果实体积增长较快；第二次生理落果期；第一次夏梢生长和老熟期；顶芽和花芽开始分化。

油茶幼年树的物候期为夏梢期。

油茶苗木的物候期为夏梢期。

6月普通油茶果实生长情况

6月普通油茶结果树处于果实膨大期和夏梢生长期

6月普通油茶结果树处于第二次生理落果期

6月普通油茶幼龄树处于夏梢生长期

6月油茶密植采穗圃夏梢生长情况

6月陆川油茶结果树处于果实膨大期和夏梢生长期

6月博白大果油茶结果树处于果实膨大期和夏梢生长期

6月宛田红花油茶结果树处于果实膨大期和夏梢生长期

6 月广宁红花油茶结果树处于果实膨大期和夏梢生长期

6 月香花油茶结果树处于果实膨大期和夏梢生长期

（二）栽培管理的中心工作

油茶结果树：壮果、壮梢、促进花芽生理分化。

油茶幼年树：壮夏梢。

油茶育苗：壮夏梢。

（三）栽培技术措施

1. 油茶结果树管理

2013 年，笔者对广西南宁普通油茶 5 年生结果树进行了 1 年跟踪测定，根据测定数据，画出果实生长曲线图。结果显示，6 月，普通油茶 5 年生结果树果实在单果重、果径、果高、种仁宽、种仁占横径比例方面，都处于快速生长期。因此，在生产管理上，及时补充养分，对于减少落果，提高产量有很大帮助。同时，6 月花芽已经开始分化，养分的补充也有利于花芽分化，保证来年油茶稳产、高产，不出现明显的大小年现象。

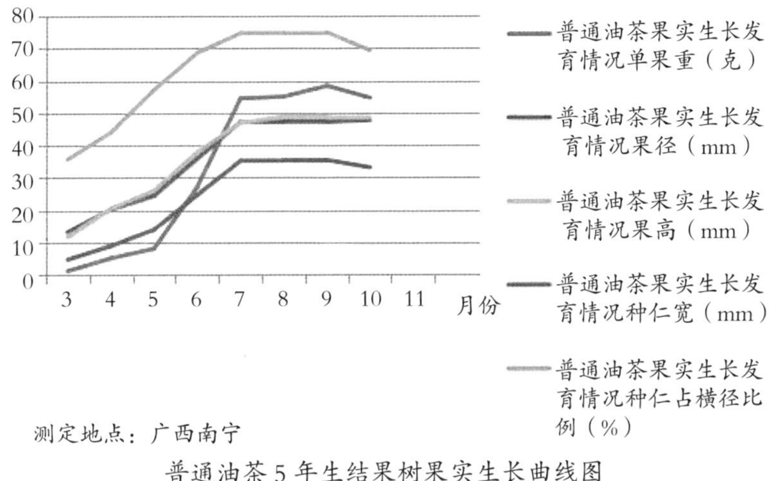

普通油茶 5 年生结果树果实生长曲线图

（1）油茶园管理工作

继续完成除草、垦覆壅土、预防和治理水涝等油茶园管理工作，参考 5 月栽培工作历。

（2）挖沟施肥

夏梢萌发前半个月，挖施肥沟施肥，以磷钾肥为主，以农家肥及麸饼为好，也可适当施些化肥。按结果量大小，每株施肥料 0.25 ～ 1.5 kg，如结果 10 kg 的结果树，每株施 0.1 kg 复合肥，或施尿素 0.1 kg 加氯化钾 0.1 kg。

（3）修剪

对夏梢生长旺盛的结果树，及时修剪，剪去过密枝、交叉枝、弱小枝、病虫枝、徒长枝，以控制夏梢，促进结果母枝的良好发育。

（4）壮梢

根外施肥壮梢，叶面喷施 0.5% 尿素加磷酸二氢钾和 0.5% 硫酸镁溶液，可结合病虫害防治加入农药一起喷施，同时加入细胞分裂素 1.9 mL，兑水 15 kg，壮梢的同时，可预防裂果。

（5）防治病虫害

本月主要病害是为害叶片的油茶灰斑病、油茶赤斑病。

本月主要虫害：油茶毒蛾、茶二叉蚜、油茶蓟马、茶小绿叶蝉、蓝绿象、八点广翅蜡蝉、吹绵蚧、眼纹疏广翅蜡蝉、星天牛、白蛾蜡蝉、褐缘蛾蜡蝉、岱蝽、油茶尺蛾、油茶枯叶蛾、幻带黄毒蛾、黄点带锦斑蛾、野茶带锦斑蛾、南大蓑蛾、丝脉蓑蛾、蜡彩蓑蛾、阔边梳龟甲、油茶宽盾蝽、麻皮蝽、缘纹广翅蜡蝉、茶堆沙蛀蛾、油茶织蛾。

茶二叉蚜、油茶蓟马、油茶枯叶蛾、野茶带锦斑蛾、南大蓑蛾、油茶宽盾蝽、吹绵蚧、白蛾蜡蝉、褐缘蛾蜡蝉等的形态特征、为害特点和防治方法参考3月栽培工作历。

油茶尺蛾、八点广翅蜡蝉、麻皮蝽、蓝绿象、岱蝽、缘纹广翅蜡蝉等的发病规律、形态特征、为害特点和防治方法参考4月栽培工作历。

油茶赤斑病、茶小绿叶蝉、幻带黄毒蛾、黄点带锦斑蛾、阔边梳龟甲、星天牛、眼纹疏广翅蜡蝉等的发病规律、形态特征、为害特点和防治方法参考5月栽培工作历。

①油茶灰斑病。

油茶灰斑病由黑盘孢科盘多毛孢属茶褐斑拟盘多毛孢引起，病菌在病部越冬，由风雨、水滴滴溅传播，经伤口侵入，生长纤弱的油茶树易发病。高温多雨、高湿、雨后排水不良、温湿通气不畅等环境条件，利于病害发生。主要发生在6月。

主要症状：油茶灰斑病主要侵害成叶或老叶，发生普遍。发病初期叶缘出现褪绿斑点，后扩展成半圆形或不规则形大斑，褐色；发病后期病斑中央为灰褐色、凹下，斑缘褐色、隆起，其上散生较大的黑色小点粒。发病严重时叶片干枯，影响树木生长。

防治方法：

a. 加强油茶园管理，雨后及时排水，预防水涝；防日灼及虫害。

b. 发病初期用20%龙克菌悬浮剂500倍稀释液、24%应得悬浮剂1000倍稀释液、12%绿乳铜乳剂600倍稀释液或27%铜高尚悬浮剂600倍稀释液喷雾，7～10天后再喷1次。

②油茶毒蛾。

油茶毒蛾属鳞翅目毒蛾科，又名茶毒蛾、茶黄毒蛾。以幼虫为害嫩梢、嫩叶、叶片、嫩枝树皮、果皮，影响树木生长，降低果实品质，造成裂果，使茶籽减产，降低含油率，严重时会导致树木死亡。主要发生在6～10月，此时正值果实膨大期、成熟期，为害期长，为害严重。

成虫：雌蛾体长约11 mm，翅展约30 mm；体黄褐色；触角双栉齿状；前翅黄色至黄褐色，在翅的1/3处和2/3处各有1条黄白色横带，翅面布满黑褐色鳞片，前翅顶角处各有2个黑色小圆斑；后翅淡黄色至淡黄褐色；腹部末端有簇状黄毛。雄蛾体长约 8 mm，翅展约 25 mm；体色较雌蛾深，前翅有 2 条黄白色横带，顶角处也有 2 个黑色小圆斑；腹部末端无簇状黄毛。

卵：扁球形，直径约 0.7 mm，浅黄色，100 多粒卵重叠排列成椭圆形卵块，上被黄色绒毛。

幼虫：老熟幼虫长约 20 mm，长圆柱形，头橘黄色至棕褐色，胸、腹部浅黄色，亚背线宽带呈棕褐色，上有 1 条白线，前胸到 9 腹节，每节上具黑色毛瘤数个，毛瘤上有浅黄色至黄色细长毛。

蛹：纺锤形，长约 10 mm，黄褐色，密生黄色短毛。茧土黄色，薄丝状。

油茶毒蛾幼虫正取食果皮（左）、取食油茶叶片（中）、果实受为害后果皮开裂（右）

③丝脉蓑蛾。

丝脉蓑蛾属鳞翅目蓑蛾科，又名线散蓑蛾。以幼虫咬食叶片成缺刻或孔洞发生为害，影响油茶树生长。主要发生期在 6 ～ 7 月。

成虫：雄蛾体长 10 ～ 15 mm，翅展 28 ～ 35 mm；体、翅棕黄褐色，翅中室中部、外侧和下方均有深褐色曲条纹。雄蛾对黑光灯有趋光性。雌虫体长 12 ～ 25 mm，蛆状，无翅无足，淡黄色，有灰白色、光滑丝质护囊。雌虫将卵产于护囊内的蛹壳里。

卵：椭圆形，长约 0.8 mm，米黄色。

幼虫：老熟幼虫体长 18 ～ 25 mm；头、胸背板灰褐色，散布黑褐色斑；各胸节背板分成 2 块，中线两侧近前缘有 4 个黑色毛片，前胸毛片呈方形排列，中、后胸毛片横向排列；腹部淡紫色，尾部黑褐色。老熟幼虫在护囊内越冬。

蛹：护囊长锥形，雌虫囊长 35 ～ 50 mm，外表较光滑，灰白色，丝质。囊口较大，尾端小，有绵絮状物。

④蜡彩蓑蛾。

蜡彩蓑蛾属鳞翅目蓑蛾科，又名尖壳蓑蛾、铁定虫、油桐蓑蛾。以幼虫咬食叶片造成缺刻或孔洞，影响油茶树生长。雌成虫在护囊内产卵，幼虫孵出后爬出护囊，吐丝垂吊随风飘散，或爬上枝叶，着落后随即吐丝作囊，蜗居囊

蜡彩蓑蛾的护囊

中。护囊随幼虫体长大而增大。幼虫负囊而行，取食时，仅头部伸出囊口取食；越冬期，幼虫吐丝将护囊缚在枝干或叶背，并封闭囊口。主要发生期在6～9月。

成虫：雌成虫蛆状，体圆筒形，长12～18 mm，黄白色。雄蛾体长约6 mm，翅展约18 mm；头、胸部灰黑色，腹部灰白色；前翅前缘灰褐色，基部白色，其余黑褐色；后翅白色。

幼虫：老熟幼虫体长18～20 mm，头、胸、腹节毛片和第8～10腹节背面均为灰黑色，其余淡黄色。

蛹：护囊尖长铁钉状，灰黑色，雌虫囊长30～50 mm。

⑤茶堆沙蛀蛾。

茶堆沙蛀蛾属鳞翅目木蛾科，又名茶木蛾、茶枝木掘蛾、茶枝木蛾。以幼虫蛀食茎干、枝干、树梢、树杈处，咬食树枝皮层，破坏输导组织，并就近食叶为害，导致树势衰退，直到枯死。蛀孔外面常常有黏结树屑和虫粪的砂堆状堆包，堆包茶褐色。主要发生期在6月。

成虫：体长7～10 mm，翅展16～18 mm。体白色，头部棕色。雌蛾触角丝状，雄蛾触角栉齿状。前翅黑褐色，后翅灰白色至灰褐色，翅密布白色鳞毛并具缎质光泽。

卵：球形，乳黄色。

幼虫：老熟幼虫体长约15 mm，头部深褐色，前胸部背板黑色，中胸部红褐色，背面各节有6个黑色小点，腹节有红、黄褐色斑纹。

蛹：体长7～10 mm，黄褐色，头部、后胸、腹节有细网纹状突起，腹末有2个三角形刺突。

⑥油茶织蛾。

油茶织蛾属鳞翅目织蛾科，又名茶枝镰蛾、茶枝蛀蛾、茶蛀梗虫。以幼虫从嫩梢顶端叶腋间蛀入，从上而下蛀食油茶枝干、主干为害，受害枝梢枯萎，受害枝干木质部和髓部因遭受蛀食而中空枯死。幼虫在被害枝内每隔一段距离向外咬 1 个小圆孔，用以排泄粪便。粪便椭圆形，呈红棕色，洒落地面。1 个虫道有排泄孔 7 ～ 13 个。为防雨水侵入，孔口一般都在枝条的下方。随着幼虫长大，孔径也随着从上向下逐渐加大。油茶织蛾为害一般发生在老茶园和密度大的油茶林。幼虫期是 6 月到翌年 5 月，也是虫害发生期。

成虫：体长 12 ～ 18 mm，翅展 32 ～ 40 mm。体茶褐色，被灰褐色和灰白色鳞片。触角丝状，灰白色，基部褐色、膨大。下唇须镰刀形，向上弯曲。前翅近翅基有红色斑块，前缘中外部有 1 条红色斑纹，中部有 1 块黄色斑纹，其外环绕褐色、白色斑纹；后翅浅黄褐色。足褐色，有黑色和灰色长毛。腹部褐色，各腹节有 1 条白色横带，有光泽。成虫飞翔力强，昼伏夜出。具趋光性。

卵：扁圆形，长约 1 mm，初产时米黄色，后变赭色。卵散产于嫩梢上或顶芽基部，每处产卵 1 粒。

幼虫：大龄幼虫体长 25 ～ 32 mm，体黄白色，头部黄褐色，前胸背板浅黄褐色，背部节间有 1 个乳白色疣状突起，腹末 2 节背板骨化，黑褐色。

蛹：长圆筒形，体长 16 ～ 25 mm，黄褐色。腹部末节腹面有 1 对小突起，端部黑褐色。

虫害防治方法：

油茶毒蛾防治方法：保护利用天敌。蚂蚁等天敌对油茶毒蛾的防治有重要控制作用，要确实保护和加以利用。

丝脉蓑蛾、蜡彩蓑蛾、油茶织蛾防治方法：人工摘除护囊；利用黑光灯、杀虫灯、诱虫灯、诱虫板、捕虫网等诱杀成虫，连续 2 ～ 3 年，可收到良好效果；保护天敌；幼虫期可用 90% 敌百虫 800 ～ 1000 倍稀释液、40% 杀螟松乳油 1000 倍稀释液或 50% 二溴磷乳油 1000 倍稀释液喷杀；用苏云金杆菌、青虫菌或杀螟杆菌每毫升含 1 亿孢子菌液喷杀。

利用诱虫板捕杀成虫

安装捕虫网捕杀成虫

油茶毒蛾天敌——双齿多刺蚁

油茶毒蛾天敌——双齿多刺蚁蚁窝

⑦物理性病害——裂果。

本月油茶园中，经常会看到裂果现象。裂果由以下原因引起。

一是植物内源激素不平衡引起裂果。6月，果实处于膨大期，油茶树体内植物内源激素不平衡，引起果皮、果肉生长不平衡，从而引起裂果。

二是果实发育质量不佳引起裂果。同一棵树上，并不是所有果实都开裂，裂果与果实发育质量有关。

三是遭受病虫为害引起裂果。若果实遭受炭疽病、疮痂病、软腐病、毒蛾等病虫为害后易引起裂果。

四是土壤水分变化引起裂果。干旱、水涝等水分胁迫引起水分吸收障碍，引起裂果。油茶生长期遇干旱、果实膨大期频遇降雨等情况会导致果皮细胞老化，而根系输送到果实的水分猛增，果肉急剧生长，撑破果皮，造成裂果。

五是栽培管理措施不当引起裂果。树势弱、下坡、郁闭度大、通风不良的油茶园容易裂果；果叶比小的易裂果；排水不良、土壤板结、土壤酸化、土层浅薄的易裂果；偏施氮肥，造成钙、磷、钾肥偏少的易裂果，微量元素缺乏造成营养失衡的易裂果。

防治方法：干旱季节及时淋水或喷雾，补充树体水分，减少水分蒸腾；本月施肥以磷、钾、钙肥为主；雨季及时排水，防止水涝灾害；及时喷药防治病虫害；慎用果实膨大剂等植物激素，以免引起植物内源激素不平衡，造成裂果；喷防裂素预防裂果。

2. 油茶幼年树管理

（1）新造林地管理

①继续完成 5 月除草、垦覆壅土、预防和治理水涝等油茶园管理工作。参考 5 月栽培工作历。

②防治病虫害。参考本月油茶结果树管理中的病虫害防治方法。

（2）幼龄林管理

①挖沟施肥。夏梢萌发前半个月，挖施肥沟施肥，以氮肥为主，磷钾肥为辅，以农家肥及麸饼为好，也可适当施些化肥。视树体大小，每株施肥 0.25 ～ 0.5 kg。

②修剪。及时修剪，整理树形，剪去过密枝、交叉枝、弱小枝、病虫枝，短截徒长枝，以培养成良好的结果树冠，为高产、稳产打下基础。

③壮梢。方法同油茶结果树。

④防治病虫害。参考本月结果树病虫害防治方法。

3. 油茶育苗

（1）除草、防治水涝灾害、预防病虫害

参考本月油茶结果树管理。

（2）嫁接苗除萌

（3）苗木肥水管理

参考 5 月栽培工作历。

（4）扦插育苗

油茶扦插育苗不受时间限制，全年都可扦插育苗，但是以春插和夏插最常应用，其中，又以 5 ～ 8 月夏插最好，因为夏插插穗先愈合生根，然后再萌芽抽穗，所以在这个时段苗木扦插成活率高。而 2 ～ 3 月的春插，是插穗先发芽抽穗，再愈合生根，且愈合生根时间比夏插多一个月，因此春插苗木成活率比夏插低。

①整地做床。选择阳光充足、排灌方便、背风的地方作苗圃地，扦插育苗开始前 1 个月开始整地，除去地面杂草，整平地块作苗床，苗床宽 1 m，高 5 ～ 10 cm，沿苗床两边用软管铺设自动喷淋装置。

②架设遮阴棚。苗圃地架设遮阴棚，遮阴棚高 2.5 m 左右，遮阴度在 60% ～ 70%。准备好保湿、保温用的竹弓和薄膜，每根竹弓长 2 m。

③制备扦插基质。按相同重量称取以下原料：黄心土 50 份、草木灰 10 份、

食用菌废料 20 份、复合肥 5 份、有机肥 15 份，混合均匀后，装入营养袋中，在苗床上排列摆放好。

4. 油茶低产林改造

（1）抚育施肥改造

①夏季浅挖垦复。夏季浅挖可以改良土壤，清除杂草，熟化土壤。在油茶林树冠投影内进行全面浅挖，深度在 10 ～ 15 cm。

②施肥。8 年以下的初结果树，每株施速效复合肥（含量 30%，N：P：K=10：10：10）1 kg 和含有效成分 57% 的钾肥 0.1 kg。进入盛果期的结果树，视单株结果量大小，开花结果量大的多施，开花结果量少的少施，每株施速效复合肥（含量 30%，N：P：K=10：10：10）1 ～ 3 kg 和含有效成分 57% 的钾肥 0.5 ～ 5 kg。

施肥方法为开沟施肥。在油茶树树冠投影的上坡边沿开 1 条深、宽各 15 cm，长 30 ～ 80 cm（视树冠大小、肥料多少而定）的弧形沟，将肥料均匀施下，覆土。

（2）换冠嫁接改造

方法参考 5 月栽培工作历。

7 月栽培工作历

（一）油茶物候期

7 月节气：7 月 6 ～ 8 日小暑，7 月 22 ～ 24 日大暑。

7 月气候是气温高，天气炎热，日照强烈，光照非常充足，是一年中月平均气温最高的月份，也是一年中油茶根系生长最快的时期。

油茶结果树的物候期为果实迅速膨大期，果实增长速度特别快，是一年中果实增长速度最快的时期；第二次生理落果期；第二次夏梢抽发生长期，花芽分化期。

油茶幼年树的物候期为第二次夏梢期。

油茶苗木的物候期为第二次夏梢期。

（二）栽培管理的中心工作

油茶结果树：保果、壮果、促进花芽生理分化。

油茶幼年树：壮夏梢。

油茶育苗：壮夏梢。

7月普通油茶果实生长情况

7月普通油茶处于第二次夏梢生长期

7月普通油茶结果树处于第二次夏梢抽发生长期和果实迅速膨大期

7月普通油茶结果树处于第二次生理落果期

7月油茶密植采穗圃第二次夏梢生长情况

7月陆川油茶结果树处于第二次夏梢抽发生长期和果实迅速膨大期

7 月博白大果油茶结果树处于第二次夏梢抽发生长期和果实迅速膨大期

7 月宛田红花油茶结果树处于第二次夏梢抽发生长期和果实迅速膨大期

7 月广宁红花油茶结果树处于第二次夏梢抽发生长期和果实迅速膨大期

7 月香花油茶结果树处于第二次夏梢抽发生长期和果实迅速膨大期

（三）栽培技术措施

1. 油茶结果树管理

（1）继续完成挖沟施肥、修剪工作

参考 6 月栽培工作历。

（2）疏果

在第二次生理落果结束后进行。疏果可以增加单果重，提高果实品质。油茶是抱子怀胎的树种，结果期树体营养消耗很大，结果量过大时，往往导致树体在果实采收后，因养分、水分消耗过大而死亡，因此，有必要进行疏果。疏果方法：双生果要去一留一；病虫果、畸形果要全部疏除，保留全株果，每果平均有叶 15 ～ 20 片，才能保证果实稳定均衡生长，同时不影响来年的产量。

（3）保果、壮果

喷植物激素保果，第一次生理落果后 90 天，当种仁壳开始变褐色时，出现第二次生理落果。此时夏梢抽生、生长、花芽分化，争夺养分，增加落果。生产上除了增施肥料、防治病虫害以外，还应叶面补充植物激素以减少落果。用 2，4–D 0.075 ～ 0.12 g 兑水 15 kg、赤霉毒（九二〇）0.45 ～ 0.6 g 兑水 15 kg、0.15% 皇嘉天然芸苔素 5000 ～ 10000 倍稀释液喷施。

油茶树果实累累，但果叶比小、单果重小

上一年果实累累，今年枯死

（4）防治病虫害

本月主要发生病害的是为害嫩叶、嫩梢、花蕾的油茶炭疽病、油茶赤斑病。

本月主要虫害：油茶毒蛾、茶二叉蚜、油茶蓟马、茶小绿叶蝉、蓝绿象、油茶尺蛾、茶用克尺蛾、油茶枯叶蛾、幻带黄毒蛾、油茶褐刺蛾、黄点带锦斑蛾、野茶带锦斑蛾、南大蓑蛾、茶大蓑蛾、丝脉蓑蛾、蜡彩蓑蛾、阔边梳龟甲、油茶宽盾蝽、麻皮蝽、长白蚧、山茶片盾蚧、吹绵蚧、眼纹疏广翅蜡蝉、星天牛、白蛾蜡蝉、岱蝽、茶天牛、玛蝽。

茶二叉蚜、油茶蓟马、油茶枯叶蛾、野茶带锦斑蛾、南大蓑蛾、油茶宽盾蝽、吹绵蚧、白蛾蜡蝉等的形态特征、为害方式和防治方法参考 3 月栽培工作历。

油茶炭疽病、蓝绿象、油茶尺蛾、茶大蓑蛾、麻皮蝽、岱蝽、玛蝽等的发病方式、形态特征、为害方式和防治方法参考 4 月栽培工作历。

油茶赤斑病、茶小绿叶蝉、茶用克尺蛾、幻带黄毒蛾、黄点带锦斑蛾、阔边梳龟甲、长白蚧、山茶片盾蚧、眼纹疏广翅蜡蝉、星天牛等的发病方式、形态特征、为害方式和防治方法参考 5 月栽培工作历。

油茶毒蛾、丝脉蓑蛾、蜡彩蓑蛾等的形态特征、为害方式和防治方法参考6月栽培工作历。

①油茶褐刺蛾。

油茶褐刺蛾属鳞翅目刺蛾科，以幼虫啃食油茶叶片发生为害，影响树木生长、开花、结果。主要发生期在7～8月。

成虫：体长15～20 mm，翅展25～30 mm，体褐色，雌虫体色较雄虫浅。雌虫触角丝状，雄虫单栉齿状。前翅前缘离翅基2/3处至近臀角和基角处，各有一条深褐色弧线，臀角附近有一个近三角形的棕褐色斑。雌蛾斑纹较雄蛾浅。前足腿节基部具一簇横列的白色毛丛。成虫有趋光性。

卵：长扁椭圆形，长约1.5 mm，宽约1 mm。卵壳极薄，初产时黄色、半透明，后渐变黄褐色。

幼虫：初孵幼虫体黄色，体背和体侧具淡红色线条。背腹各有一列枝刺，其上着生浅色刺毛，刺毛有毒。老熟幼虫体长22～35 mm，宽7～11 mm。体黄绿色，背线天蓝色。各节在背线前后各具1对黑点，几近棱形排列。

蛹：茧阔椭圆形，灰褐色。

防治方法：利用黑光灯诱杀成虫；初生幼虫群集为害时人工捕杀，注意避免毒刺伤害；喷药防治，用45%丙溴辛硫磷1000倍稀释液、20%氰戊菊酯1500倍稀释液＋5.7%甲维盐2000倍混合液、40%啶虫毒死蜱1500～2000倍稀释液喷药防治。用白僵菌300倍稀释液、每克含100亿孢子青虫菌1000倍稀释液＋0.3%茶枯或＋0.2%中性洗衣粉喷杀幼虫。

②茶天牛。

茶天牛属鞘翅目天牛科，又名楝树天牛、株闪光天牛、贼老虫。以幼虫蛀食油茶枝干、根部，造成树势衰弱，上部叶片枯黄，枝干易折断，严重为害时致整株树枯死。以山地油茶园、老龄油茶园、树势弱的油茶园为害较重，根颈外露的老茶树易遭受茶天牛蛀食。主要发生期在7～10月。

成虫：体长约28 mm，宽约10 mm，深褐色，有光泽，上密被褐色短毛。头顶中央具一条纵脊纹。复眼黑色，后方具一短且浅的沟。触角中、上部各节具外端刺。雌虫触角长度与体长相当。雄虫触角约为体长的2倍，前胸背面具皱纹，小盾片末端钝圆，鞘翅上密被浅褐色绢丝状绒毛，绒毛有光泽，明暗似花纹。

卵：长椭圆形，长约4 mm，宽约2 mm，乳白色。

幼虫：老熟幼虫体长35～50 mm，圆筒形，头浅褐色，体乳白色，前胸较宽大，硬皮板前端生黄褐色斑块 4 个，后缘生有 1 条一字形纹，中胸、后胸、腹节背面中央生有肉瘤状突起。

蛹：长 25 ～ 30 mm，乳白色至浅褐色。

防治方法：

a. 用涂白剂涂在距地面 50 cm 以下根颈部和枝干上，可减少茶天牛产卵。

b. 油茶树根际处及时培土，预防根颈部外露和成虫产卵。

c. 用灯光诱杀突虫。

d. 从排泄孔注入乐果等杀虫剂 40 ～ 50 倍稀释液，然后用泥巴封口，毒杀幼虫。

2. 油茶幼年树管理

（1）新造林地管理

①预防和治理水涝。

②防治病虫害。参考本月油茶结果树管理中的病虫害防治方法。

③壮梢。参考 6 月油茶结果树管理。

（2）幼龄林管理

①继续完成挖沟施肥、修剪、壮梢工作，参考 5 月栽培工作历。

②防治病虫害。参考本月油茶结果树管理病虫害防治方法。

3. 油茶育苗

（1）维修苗棚、水管

受雨季风吹雨淋影响，苗棚可能会发生倾斜或损坏，要及时维修；同时维护好水管。

（2）搬苗、摆苗、清理空杯、装大杯苗

苗木生长几个月后，苗冠变大，要及时搬苗，重新摆苗，营养杯之间用泥块间隔，提高营养杯之间的距离，为苗木生长提供足够的距离和空间，同时将死苗的空杯清除。培养大苗的，应及时更换大的营养杯，装大杯苗，以利于大苗根系发育的需要。

（3）平整土地

及时平整受雨水冲刷的苗圃垄地。

（4）预防病虫害

方法参考本月油茶结果树管理。

（5）壮梢

参考 6 月栽培工作历。

（6）采穗圃人工摘除花、果

采穗圃喷施叶面肥、喷药防治病虫害

摘除采穗圃花芽和果实

（7）采穗圃、苗木肥水管理

参考 5 月栽培工作历。

除施化肥外，施农家肥对于树体生长也很重要。农家肥含有油茶树所需的营养元素和丰富的有机物质，尤其是麸肥，如桐麸、茶麸等，含氮量高，能显著增加油茶树叶绿素含量。施麸肥，油茶苗木、穗条生长粗壮，叶色油光浓绿，而且相对于化肥，肥效持久，施放水肥，肥效快。

油茶采穗圃、苗木所使用的水肥制作方法：1 份桐麸加 30 份水，浸泡在塑料桶中，密封堆沤 1 个月后，即得到堆沤好的水肥。取堆沤好的水肥，稀释 20 倍后淋施。

堆沤花生麸水肥

给油茶苗木淋花生麸水肥

（8）扦插育苗

继续完成扦插育苗的整地做床、架设遮阴棚、制备扦插基质等工作，准备好扦插育苗需要的竹弓、塑料、农药等其他材料。

4. 油茶低产林改造

（1）抚育施肥改造

继续完成夏季浅耕垦复和施肥工作。方法参考 6 月栽培工作历。

（2）换冠嫁接改造

揭除 5 月换冠嫁接的保湿、保温袋。除萌。方法参考 5 月栽培工作历。

8 月栽培工作历

（一）油茶物候期

8 月节气：8 月 7 ～ 9 日立秋，8 月 22 ～ 24 日处暑。

8 月气候是进入秋季，气温由高温逐渐转向低温，天气变得凉爽。

油茶结果树的物候期为果实长油期，果实生长速度变缓慢。月初进入第二次生理落果期，第二次夏梢生长老熟期，秋梢抽生期，花芽期。

油茶幼年树的物候期为第二次夏梢老熟期，第一次秋梢抽生期。

油茶苗木的物候期为第二次夏梢老熟期，秋梢抽生期。

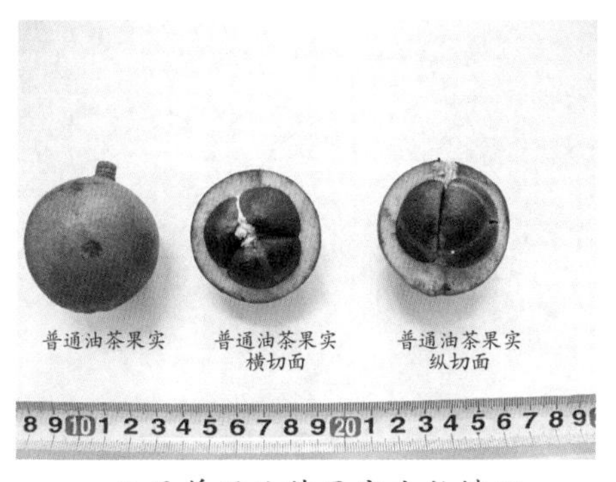

8 月普通油茶果实生长情况

8 月普通油茶结果树处于果实长油期、第二次夏梢生长老熟期、秋梢抽生期、花芽期

8月普通油茶结果树第二次生理落果

8月普通油茶部分品种第二次生理落果严重

8月芽苗砧嫁接苗生长情况

8月陆川油茶结果树处于长油期、第二次夏梢生长老熟期、秋梢抽生期、花芽期

8月博白大果油茶结果树处于长油期、第二次夏梢生长老熟期、秋梢抽生期、花芽期

8月广宁红花油茶结果树处于长油期、第二次夏梢生长老熟期、秋梢抽生期、花芽期

8 月宛田红花油茶结果树处于长油期、第二次夏梢生长老熟期、秋梢抽生期、花芽期

8 月香花油茶结果树处于长油期、第二次夏梢生长老熟期、秋梢抽生期、花芽期

（二）栽培管理的中心工作

油茶结果树：壮果、壮梢、促花芽健壮抽生、促秋梢萌发、保花。

油茶幼年树：促秋梢萌发。

油茶育苗：嫁接苗除萌、扦插育苗。

（三）栽培技术措施

1. 油茶结果树管理

（1）保果、壮果

工作方法参考 7 月栽培工作历。

（2）壮梢、促秋梢萌发，促花芽健壮抽生、保花

嫩梢期叶面喷施 0.5% 磷酸二氢钾＋ 0.2% 硫酸镁溶液，壮梢。干旱时淋水促秋梢萌发，同时促进花芽健壮抽生、保花。

（3）防治病虫害

本月主要病害是为害嫩叶、成叶、老叶的油茶赤斑病；为害果实、花蕾的油茶炭疽病，本月是果实油茶炭疽病发病高峰。

本月主要虫害：油茶毒蛾、蓝绿象、幻带黄毒蛾、油茶褐刺蛾、南大蓑蛾、茶大蓑蛾、褐蓑蛾、蜡彩蓑蛾、阔边梳龟甲、油茶宽盾蝽、麻皮蝽、眼纹疏广翅蜡蝉、星天牛、白蛾蜡蝉、褐缘蛾蜡蝉、缘纹广翅蜡蝉、茶天牛、油茶蓟马、玛蝽。

南大蓑蛾、白蛾蜡蝉、褐缘蛾蜡蝉、油茶宽盾蝽、油茶蓟马等的形态特征、

为害方式和防治方法参考 3 月栽培工作历。

结果树挂果和感染油茶炭疽病

油茶炭疽病、蓝绿象、茶大蓑蛾、麻皮蝽、缘纹广翅蜡蝉、玛蝽等的发病方式、形态特征、为害方式和防治方法参考 4 月工作历。

油茶赤斑病、幻带黄毒蛾、阔边梳龟甲、眼纹疏广翅蜡蝉、星天牛等的发病方式、形态特征、为害方式和防治方法参考 5 月栽培工作历。

油茶毒蛾、蜡彩蓑蛾等的形态特征、为害方式和防治方法参考 6 月栽培工作历。

油茶褐刺蛾、茶天牛等的形态特征、为害方式和防治方法参考 7 月栽培工作历。

油茶炭疽病发病严重时造成大量落果

感染油茶炭疽病果实几乎落尽

①褐蓑蛾。

褐蓑蛾属鳞翅目蓑蛾科，又名茶褐背袋虫、茶褐蓑蛾，以幼虫在护囊中咬食叶片、嫩梢、剥食枝干皮层和果实皮层为害油茶树，喜集中为害，造成油茶园局部区域叶片光秃，影响油茶树生长和产量。主要发生期在 8 ～ 9 月。

成虫：雄虫体长 15 mm，翅展约 24 mm，体褐色，腹部具金属光泽，翅面无斑纹。雌蛾体长 15 mm，头浅黄色，体乳白色，蛆状，无翅，足退化。

卵：椭圆形，乳黄色。

幼虫：老熟幼虫体长 18 ～ 27 mm，头褐色，散生深褐色斑纹。各胸节背板浅黄色，背板上下有 2 块不规则黑斑；腹部黄褐色，末节具一块黄色硬皮板。

蛹：长 16 ～ 27 mm，圆筒形至长圆筒形。幼虫护囊长 25 ～ 40 mm，较粗大，长灯笼状，枯褐色，丝质疏松，囊外附着很多较大的碎叶片，呈鱼鳞状排列。

防治方法：

a. 及时摘除虫囊，集中烧毁。

b. 注意保护寄生蜂等褐蓑蛾的天敌昆虫。

c. 在幼虫低龄盛期喷洒 90% 晶体敌百虫 800 ～ 1000 倍稀释液、90% 巴丹可湿性粉剂 1200 倍稀释液或 50% 杀螟松乳油 1000 倍稀释液防治。

d. 生物防治可喷洒每克含 1 亿活孢子的杀螟杆菌或青虫菌。

2. 油茶幼年树管理

（1）新造林地管理

①壮梢、促秋梢萌发，参考本月油茶结果树管理。

②防治病虫害。参考本月油茶结果树管理中的病虫害防治方法。

③人工摘除花蕾、果实。

④继续完成施肥、修剪、抚育、铲草、喷除草剂等管理工作。

（2）幼龄林管理

①壮梢、促秋梢萌发，参考本月油茶结果树管理。

②防治病虫害。参考本月油茶结果树管理中的病虫害防治方法。

③人工摘除花蕾、果实。

④继续完成施肥、修剪、抚育、铲草、喷除草剂等管理工作。

3. 油茶育苗

①继续完成搬苗、摆苗、清理空杯、装大杯苗等工作。

②除草，喷施叶面肥壮梢，喷药防治病虫为害。

③采穗圃人工摘除花、果。

④人工剪除嫁接苗砧木上萌生的芽。

⑤秋季扦插育苗。

a. 穗条采集处理。剪取采穗圃当年生、木质化、叶片完整的枝梢作穗条，剪成 1 节、1 芽、半叶，长 3 ～ 3.5 cm 的插穗，插穗上剪口离芽 0.2 ～ 0.3 cm，下端用利刀切成斜口，利于伤口愈合生根。穗条当天采当天用完。

b. 将剪好的插穗放在盛满水的盆中保湿，然后将浸过水的插穗捞起，平整下端切口捆绑好，整把浸入 2‰高锰酸钾水溶液中浸泡 15 ～ 30 分钟后，垂直插入 0.02 mg/L ABT 生根粉溶液的塑料盆中浸泡 10 小时后用于扦插。

没有ABT生根粉时，可用1×10^{-4}萘乙酸或5×10^{-5} 2，4-D溶液浸泡6～12小时后扦插。也可以将剪好的插穗浸泡到1.5 g/L生根粉溶液中（生根粉先用少量酒精溶解），20秒后取出，直接插到营养杯土中，扦插完毕后淋水，如不及时淋水，叶片容易被溶解生根粉的酒精灼伤。

油茶芽苗砧嫁接苗剪除萌芽

不及时淋水叶片被溶解生根粉的酒精灼伤

c. 扦插方法：扦插前2～3小时，用0.2%多菌灵水溶液或0.2%硫酸亚铁水溶液对苗床及苗床上的营养杯进行消毒，或提前2天用1‰高锰酸钾水溶液喷洒苗床及苗床上的营养杯消毒后扦插。

扦插时，先用筷子插一个孔，插入2/3插穗，留叶、芽在地面，叶面朝上，再用筷子在扦插孔附近插一下，使扦插孔被土压实。

d. 扦插后立即喷1‰高锰酸钾水溶液消毒，然后插上竹弓，搭盖塑料薄膜，薄膜四周用土压紧密封、以保湿、保温。

e. 除萌。扦插后20天左右进行除萌，每株保留1～2个长势良好的萌芽枝，其余的抹除。

扦插苗淋消毒水后盖塑料薄膜保湿、保温

油茶扦插育苗

4. 油茶低产林改造

换冠嫁接改造：揭除5月高接换冠的保温、保湿袋。除萌。

9月栽培工作历

（一）油茶物候期

9月节气：9月7～9日白露，9月22～24日秋分。

9月气候特点是气温逐渐降低，昼夜温差变大，降水量逐渐减少，台风来临，有可能降暴雨。油茶根系的生理活动，在秋季土温27℃、含水量17%时，花芽分化、果实增长停止以后，开花之前，出现第二次生长高峰。油茶花芽发育完成后，9月上旬开始开花。

油茶结果树的物候期为果实逐渐成熟期，从外皮形态上看，果皮呈现油光发亮、颜色由深变浅，茸毛脱尽，种皮逐渐变为青黄色。秋梢生长老熟期、花芽期。

油茶幼年树的物候期为秋梢老熟期。

油茶苗木的物候期为嫁接苗萌芽期。

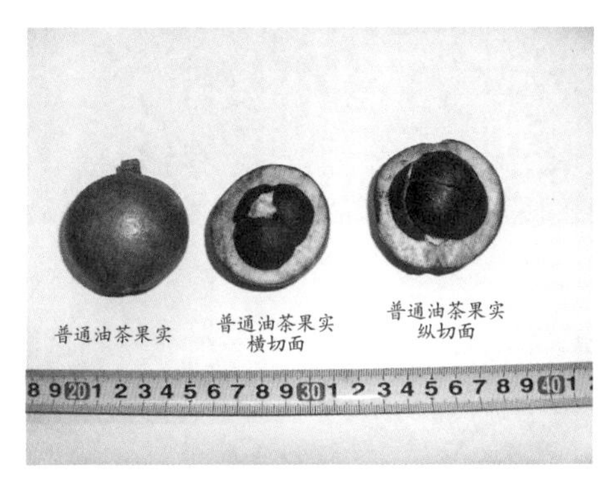

9月普通油茶果实生长情况

9月普通油茶结果树处于果实逐渐成熟期、秋梢生长老熟期、花芽期

（二）栽培管理的中心工作

油茶结果树：促抽健壮秋梢、壮果、壮梢、保花。

油茶幼年树：促抽健壮秋梢。

油茶育苗：提高嫁接成活率、扦插成活率。

9月晚熟油茶结果树第二次生理落果期

9月广宁红花油茶结果树果实逐渐成熟期、秋梢生长期、花芽期

9月油茶采穗圃生长情况

9月宛田红花油茶结果树的果实

9月博白大果油茶结果树处于果实逐渐成熟期、秋梢生长期、花芽期

9月宛田红花油茶结果树处于果实逐渐成熟期、秋梢生长老熟期、花芽期

9月广宁红花油茶结果树果实生长情况

9月陆川油茶结果树处于果实逐渐成熟期、秋梢生长期、花芽期

9月香花油茶结果树处于果实逐渐成熟期、秋梢生长期、花芽期

（三）栽培技术措施

1. 油茶结果树管理

（1）保果、壮果

工作方法参考7月栽培工作历。

（2）壮梢、促秋梢萌发，促花芽健壮抽生、保花

工作方法参考8月栽培工作历。

（3）防治病虫害

本月主要病害是为害嫩叶、嫩梢和果实的油茶炭疽病、油茶毛毡病。

本月主要虫害：油茶毒蛾、茶小绿叶蝉、蓝绿象、茶用克尺蛾、幻带黄毒蛾、褐蓑蛾、蜡彩蓑蛾、阔边梳龟甲、油茶宽盾蝽、麻皮蝽、长白蚧、山茶片盾蚧、眼纹疏广翅蜡蝉、星天牛、白蛾蜡蝉、褐缘蛾蜡蝉、缘纹广翅蜡蝉、褐蓑蛾、茶天牛。

油茶宽盾蝽、白蛾蜡蝉、褐缘蛾蜡蝉等的形态特征、为害方式和防治方法参考3月栽培工作历。

油茶炭疽病、蓝绿象、麻皮蝽、缘纹广翅蜡蝉等的病害特点、形态特征、为害方式和防治方法参考4月栽培工作历。

油茶毛毡病、茶小绿叶蝉、茶用克尺蛾、幻带黄毒蛾、阔边梳龟甲、长白蚧、山茶片盾蚧、眼纹疏广翅蜡蝉、星天牛等的病害特点、形态特征、为害方式和防治方法参考5月栽培工作历。

油茶毒蛾、蜡彩蓑蛾等的形态特征、为害方式和防治方法参考6月栽培工作历。

茶天牛的形态特征、为害方式和防治方法参考7月栽培工作历。

褐蓑蛾的形态特征、为害方式和防治方法参考8月栽培工作历。

2. 油茶幼年树管理

（1）新造林地管理

①壮梢、促秋梢萌发。参考8月栽培工作历油茶结果树管理。

②防治病虫害。参考本月油茶结果树管理中的病虫害防治方法。

③人工摘除花蕾、果实。

④继续完成施肥、修剪、抚育、铲草、喷除草剂、砍杂等管理工作。

（2）幼龄林管理

①壮梢、促秋梢萌发。参考8月栽培工作历油茶结果树管理。

②防治病虫害。参考本月油茶结果树管理中的病虫害防治方法。

③人工摘除花蕾、果实。

④继续完成施肥、修剪、抚育、铲草、喷除草剂、砍杂等管理工作。

3. 油茶育苗

①继续完成搬苗、摆苗、清理空杯、装大杯苗等工作。

②采穗圃人工摘除花、果。

③继续人工除萌。人工剪除嫁接苗砧木上萌生的芽。

④秋季扦插育苗。

扦插45天后，揭开苗床两头的薄膜进行5～7天的炼苗，而后将薄膜全部揭除，再过7天，拆除遮阴棚。

4. 油茶低产林改造

秋季换冠嫁接改造。方法参考 5 月栽培工作历。

春季换冠嫁接后新梢生长到 6 cm 时，去除绑带。除萌。

10 月栽培工作历

（一）油茶物候期

10 月节气：10 月 8 ～ 9 日寒露，10 月 23 ～ 24 日霜降。

10 月气温下降，雨量少，有可能发生秋旱。昼夜温差大，气温适宜，土壤水分适中，油茶树光合作用旺盛，有利于根系和枝梢生长。

油茶结果树的物候期为果实成熟期和盛花期，第二次秋梢抽生和生长期。果实从外皮形态上看，果皮油光发亮，颜色由深变浅，茸毛脱尽，种皮逐渐变为黄褐色或黑褐色，子叶变硬变脆。种子含水量在 40% ～ 50%、脂肪含量达 40% 左右，果实成熟。花盛开。

油茶幼年树的物候期为第二次秋梢抽生和生长期。

油茶苗木的物候期为春季嫁接苗秋梢期和秋季嫁接苗第一次梢生长期。

10 月普通油茶果实生长情况

10 月普通油茶结果树处于果实成熟期、开花期、第二次秋梢抽生和生长期

10月博白大果油茶结果树处于果实成熟期、花期、第二次秋梢抽生和生长期

10月广宁红花油茶结果树处于果实成熟期、花期、第二次秋梢抽生和生长期

10月广宁红花油茶结果树果实

10月陆川油茶结果树处于果实成熟期、开花期、第二次秋梢抽生和生长期

10月宛田红花油茶结果树处于果实成熟期、第二次秋梢抽生和生长期

10月宛田红花油茶结果树处于果实成熟期、初花期

10 月香花油茶结果树处于果实成熟期、花期

10 月小果油茶结果树的花、果

10 月香花油茶结果树处于果实成熟期、花期、第二次秋梢抽生和生长期

10 月小果油茶老树

（二）栽培管理的中心工作

油茶结果树：采收果实、保花。

油茶幼年树：促抽健壮第二次秋梢。

油茶育苗：促抽健壮秋梢。

（三）栽培技术措施

1. 油茶结果树管理

（1）油茶籽的采收

油茶果实成熟落下后捡籽采收

油茶果实一般 10 月后逐渐成熟，寒露籽类油茶于上旬寒露节气前后采收，霜降籽类油茶于下旬霜降节气前后进行收摘。油茶籽收摘主要有摘果和收籽 2 种方式。

油茶果实果皮发亮、果皮上茸毛脱尽、茶果顶部微裂，是油茶果实成熟的表面特征，此时可以采摘。到油茶树林中随手采摘球果，剥开，发现茶籽发亮，剥开种仁，发现种仁白中带黄、油光发亮，说明油茶果实已经成熟，可以摘果。摘果是目前油茶果实采收的主要方式。油茶果实采收回来后，先堆沤 7 天左右，让油茶果实后熟，然后晴天时摊开翻晒，晒 3 ～ 4 天后，油茶果实自然开裂，油茶籽自然剥离，少数未剥离的进行人工分离。将油茶籽继续摊开翻晒，晒 12 天左右才能晒干。油茶籽晒好后，堆放在通风干燥处贮藏。经过 1 ～ 2 个月后，油茶籽含油率达到最高，此时复晒 1 ～ 2 天再榨油能提高出油率和茶油品质。

油茶果实采收后晾晒

油茶籽摊开晾晒

当山高坡陡、行动不便、运输困难时，通常采用捡籽采收的方法。油茶籽捡收回来以后，同样需要摊开晾晒，晒 12 天左右才能晒干。之后贮藏、复晒、榨油。方法同上。

油茶果实要适时采收。若提前采收，油茶果实尚未成熟，油茶籽含油量低，含水量高，造成油茶籽出油率低；而适时采收，油茶籽含油量高，含水量低，可以提高油茶籽出油率。

广宁红花油茶果实　　博白大果油茶果实

陆川油茶果实　　岑溪软枝油茶果实

南荣油茶果实　　宛田红花油茶果实

香花油茶果实

小果油茶果实

（2）毛油初加工

产业化的茶油加工通常由企业收购油茶籽后进行，生产出毛油，再进一步提炼，生产出精炼油，供市场销售。传统手工作坊生产的毛油，工艺流程繁杂，由纯手工压榨，需要劳动力多，产量低，杂质含量高，产品质量难以保证，市场认可度低，因此，家庭压榨山茶油时，建议采用现代的家用茶油压榨机，个人就可以压榨茶油，既能节省劳力，又能提高经济效益。下图为燃气作动力的山茶油压榨机，压榨出来的山茶油为原味山茶油，经检验，达到食用标准。

油茶籽榨油前先要烘干。传统烘干方法，在油茶籽已经晒干的基础上还需要烘 5 ～ 10 小时才能达到榨油需要的干燥程度，这种方法用时长，质量难以控制，容易烘焦，影响茶油品质。现代一般使用烘干机烘干，这种方法便于操作，产品质量比较有保障。

毛油经过精炼工艺可生产精炼油，目前，精炼工艺有化学精炼工艺和物理精炼工艺。

茶油化学精炼工艺步骤：原料毛油→脱胶→脱酸→水洗→脱色→脱臭→冬化脱脂→成品山茶油。

燃气山茶油压榨机

茶油物理精炼工艺步骤：原料毛油→过滤→脱胶→脱色→脱酸→成品山茶油。

不同种的油茶籽，茶油品质、味道不完全一样，一般来说，红花油茶籽生产出来的茶油，味道浓郁，气味芳香，呈金黄色；白花油茶籽生产出来的茶油，味道、气味都相对清淡些，颜色也比红花油茶籽生产出来的茶油浅。

（3）油茶果实的综合利用

①油茶果皮的综合利用。油茶果皮又称油茶壳，可用于制作糖醛、木糖醇、栲胶、活性炭和菌类培养基。普通油茶鲜果出种率 28%，油茶壳占整个油茶果鲜重的 72%；小果油茶鲜果出种率 50%，油茶壳占整个油茶果鲜重的 50%；香花油茶鲜果出种率 55%，油茶壳占整个油茶果鲜重的 45%；宛田红花油茶鲜果出种率 11%，油茶壳占整个油茶果鲜重的 89%；广宁红花油茶鲜果出种率 7.5%，油茶壳占整个油茶果鲜重的 92.5%；陆川大果油茶鲜果出种率 20%，油茶壳占整个油茶果鲜重的 80%；南荣油茶鲜果出种率 50%，油茶壳占整个油茶果鲜重的 50%；博白大果油茶鲜果出种率 19.2%，油茶壳占整个油茶果鲜重的 80.8%；金花茶鲜果出种率 38%，油茶壳占整个油茶果鲜重的 62%。据测定，每 100 kg 油茶壳，可提炼糠醛 32 kg、木糖醇 12 kg、栲胶 36 kg、活性炭 60 kg。油茶壳中含有多种化学成分，可用作栽培香菇、平菇和凤尾菇等食用菌的培养基，可替代木材，保护环境。

②茶麸的综合利用。茶麸是油茶籽经压榨出油后的固体残渣，内含有大量的多糖、蛋白质和皂素。

提取残油：经压榨出油后的茶麸，残油含量在 5% ～ 9%，有的甚至高达 10% 以上，采用溶剂浸提法提取残油，可将残油基本提取干净。

作清场剂：茶麸中含有 20% 的皂素，皂素具有溶血性和鱼毒性，味苦而辛辣，可用作虾、蟹等专业养殖场的清场剂和有害鱼类的毒杀剂。茶麸的杀虫作用与农药相似，农业生产中用于土施既可杀虫防病，又可改良土壤结构，提高土壤肥力。

作饲料：茶麸中蛋白质和糖类总含量为 40% ～ 50%，是很好的植物蛋白饲料，脱除皂苷毒素后，可掺拌饲料或直接用来饲喂家畜和水产。

作抛光粉：茶麸具有特殊的物理颗粒结构，提取残油后的茶麸，经粉碎后加工成 200 目的粉状颗粒，可以作为高级车床上制作打磨各种部件时用的抛光粉。

作肥料：茶麸中含有大量的氮、磷、钾元素，可作有机肥使用。

作洗涤剂：茶麸具有清洁作用，可用作洗洁剂。

（4）防治病虫害

本月油茶开花，蜜蜂、苍蝇授粉，当油茶树受到病虫为害时，只适合采用人工摘除病叶、病枝，挖除病树，人工捕杀虫害，不适合喷施农药，以防将蜜蜂也一并毒杀，不利于油茶花授粉受精。

（5）放养蜜蜂、引诱苍蝇，增加油茶花授粉受精

油茶属两性虫媒花，蜜蜂、苍蝇是很好的授粉媒介。开花期间，每 5 ～ 6 亩放 1 箱蜜蜂，蜜蜂在采蜜的过程中达到授粉目的；用家禽血水喷洒树体或在油茶园堆放粪便，引诱苍蝇上树授粉。

蜜蜂在给油茶花授粉

苍蝇在给油茶花授粉

2. 油茶幼年树管理

（1）新造林地管理

①造林地选择。

油茶树喜温暖湿润气候，种植地要求年均气温 14 ～ 21 ℃，年均降水量 1000 mm 以上，且四季分配均匀，日照时数 1800 ～ 2200 小时，无霜期 200 ～ 360 天，海拔 800 m 以下，极端低温 –17 ℃，≥ 10 ℃的有效积温为 4250 ～ 7000 ℃。油茶对土壤适应性很强，能耐比较贫瘠的土壤，在 pH 值 4.5 ～ 6.5 的酸性、微酸性黄壤或红壤土上能正常生长，但是在碱性土壤上不能生长，石灰岩山地钙含量高、保水排水不良，也不能种油茶树；在土层深厚、土壤肥沃、排水良好的立地环境下，油茶果实结实饱满，产量高，大小年不明显，果实出油率高。

当种植地坡度大于 25°，土层厚度小于 60 cm，在土壤 0 ～ 30 cm 的土层范围内，土壤有机质含量小于 1.00%、全氮含量小于 0.08%、全磷含量小于 0.02%、全钾含量小于 0.50%，土壤环境单元所容许承纳的污染物质的最大数量或负荷量，即土壤环境容量大于 1.30% 时，不适合种油茶树。油茶种植地要选择合适的地势条件，地势条件包括海拔、坡度、坡向、坡位以及地形、地貌等主要因子。

a. 海拔高度的影响：不同的油茶品种、不同的种植地分布，适宜种植的海

拔高度不同。不同的海拔高度，对油茶的生长、结实也有不同的影响。一般在南坡海拔 800 m 和北坡海拔 500 m 以下地势开阔平缓的林地，油茶生长发育良好，种仁含油率高，在广西最好选择海拔 500 m 以下、相对高 200 m 以下的低山丘陵区发展油茶。同时，要求栽植地土壤表土肥沃、上层较厚，而瘠薄土壤及谷地宽度不足 50 m 的两侧山坡不宜选用。

b. 坡度的影响：油茶林地的坡度一般要求在 25° 以下，最好是 15° 左右的缓坡地。坡地较平缓，一般土层深厚，土质好，保水、保肥能力强，有利于油茶根系生长，便于作业。坡度太大，一般土层较浅，根系发育差，不便于机械化作业，同时因油茶要进行经常性的土地管理，易造成水土流失。

c. 坡向的影响：以采果为目的的油茶，要求有充足的光照条件，应选择光照条件较好的南坡、西坡、东南坡等阳坡或半阳坡。对于海拔较低且高差不大的丘岗地，坡向影响不大，反之，则坡向影响很大。

d. 坡位的影响：缓坡中下部一般土层深厚，土质好，保水、保肥能力强，有利于油茶根系生长，宜选择作油茶地。

②造林地规划。

小区规划：造林地大于 50 亩的，要按照地形、地貌规划成若干造林小区，便于管理。土壤条件、坡度、坡向相对一致的可规划为一个小区。小区长边与等高线平行，以防水土流失，有利于灌溉系统的设置；短边视地形而定，一般为长方形。

道路规划：根据地形、地势、种植规模设置道路，以贯穿油茶园、方便作业为主。

排灌系统设置：沿园区道路两侧设置排水沟，沟宽、深各达 50 cm，水沟外缘低于内缘，每隔一段距离，水沟内设置一个低于外缘台面的土埂，利于缓冲水流，防止水土冲刷。山顶设置宽 50 cm、深 80 cm 的拦洪沟，防止暴雨时山顶聚集的大量雨水冲刷油茶园。山底设置排洪沟，防止油茶园雨水冲刷农田。油茶园根据地势设置从山顶到山底的纵排水沟，且每隔一段距离，水沟内设置一个低于两边台面的土埂，以缓冲水流，防止水土冲刷。梯田的内侧还要设置宽 20 cm、深 30 cm 的排水沟，与纵排水沟连接出口处设置一个土埂，可以起到天旱时蓄水、暴雨时缓冲水流的作用。

③做好造林设计。根据选定造林地点，测量造林面积。根据造林地立地类型，设计造林密度。油茶是一种常绿树种，也是长寿树种，一次种植，收获期

可长达百年以上。油茶树定植后 8 ～ 10 年才郁闭成林，油茶树造林密度以株行距 2.5 m×2.5 m、2.5 m×3 m、3 m×3 m 比较合适。土壤肥厚的山脚及较平坦的地块，造林密度相对比较疏，以株行距（2.5 ～ 3）m×3 m 为宜，即每亩种植 74 ～ 89 株；土壤肥力较差及坡度较大的地块，造林密度相对比较密，以株行距（2 ～ 2.5）m×3 m 为宜，即每亩种植 89 ～ 111 株，使油茶进入结果盛产期的覆盖度达 0.6 ～ 0.8。

设计造林方式：采伐迹地采用砍杂、炼山、水平挖带整地、挖定植坎、营养苗人工栽植的方式造林。

选定好造林树种、品种，根据造林面积计算好苗木数量，预定好造林用苗木。

④林地清理。砍杂、炼山，对造林地上的杂草、灌木、杂木进行火烧，并清理干净，留下的树桩要求低于 10 cm。

（2）幼龄林管理

①壮梢、促秋梢萌发。干旱时，有条件的油茶园应灌水壮梢、促秋梢萌发。

②防治病虫害：本月主要病害是为害嫩叶、芽、嫩茎的油茶白星病、油茶软腐病。

本月主要虫害：油茶毒蛾、茶小绿叶蝉、蓝绿象、茶用克尺蛾、油茶宽盾蝽、麻皮蝽、星天牛、褐缘蛾蜡蝉、缘纹广翅蜡蝉、茶天牛。

油茶白星病、油茶宽盾蝽、褐缘蛾蜡蝉等的病害特点、形态特征、为害方式和防治方法参考 3 月栽培工作历。

油茶软腐病、蓝绿象、麻皮蝽、缘纹广翅蜡蝉等的病害特点、形态特征、为害方式和防治方法参考 4 月栽培工作历。

茶小绿叶蝉、茶用克尺蛾、星天牛等的形态特征、为害方式和防治方法参考 5 月栽培工作历。

油茶毒蛾的形态特征、为害方式和防治方法参考 6 月栽培工作历。

茶天牛的形态特征、为害方式和防治方法参考 7 月栽培工作历。

③人工摘除花蕾、果实。

④继续完成施肥、修剪、抚育、铲草、喷除草剂、砍杂等管理工作。

3. 油茶育苗

①继续完成搬苗、摆苗、清理空杯、装大杯苗等工作。

②采穗圃人工摘除花、果。

③继续人工除萌。人工剪除嫁接苗砧木上萌生的芽。

④秋季扦插育苗。

扦插 45 天后，揭开苗床上两头的薄膜进行 5 ～ 7 天的炼苗，而后将薄膜全部揭除，再过 7 天，拆除遮阴棚。

4. 油茶低产林改造

秋季换冠嫁接改造。方法参考 5 月栽培工作历。

当春季高接换冠后新梢生长到 6 cm 高时，去除绑带。除萌。

11 月栽培工作历

（一）油茶物候期

11 月节气：11 月 7 ～ 8 日立冬，11 月 22 ～ 23 日小雪。

11 月气温迅速下降，雨量少，油茶树生长逐渐转入相对休眠期。

油茶结果树的物候期为秋梢生长老熟期、果实成熟期和开花末期，11 月下旬以后开花逐渐减少。

油茶幼年树的物候期为秋梢生长老熟期。

油茶苗木的物候期为春季嫁接苗秋梢老熟期和秋季嫁接苗第一次梢老熟期。

11 月普通油茶果实结果树处于秋梢生长老熟期、果实成熟期和开花末期

11 月普通油茶结果树林分处于秋梢生长老熟期、果实成熟期和开花末期

11 月广宁红花油茶老结果树挂果情况（全银限提供）

11 月陆川油茶结果树处于秋梢生长老熟期、果实成熟期和花期

11 月博白大果油茶结果树处于秋梢生长老熟期、果实成熟期和开花末期

11 月广宁红花油茶结果树处于秋梢生长老熟期、果实成熟期和花蕾期

11 月香花油茶结果树处于秋梢生长老熟期、果实成熟期和花期

11 月宛田红花油茶结果树处于秋梢生长老熟期、果实成熟期和花期

11 月宛田红花油茶结果树处于花期

（二）栽培管理的中心工作

油茶结果树：促健壮秋梢老熟、采收果实、保花。

油茶幼年树：促秋梢老熟。

油茶育苗：促嫁接苗生长、老熟，炼苗。

（三）栽培技术措施

1. 油茶结果树管理

（1）采收成熟的油茶果实

油茶果实采收和捡籽采收、摊晒、烘干、毛油初加工、病虫害防治、放养蜜蜂等工作方法参考 10 月栽培工作历。

（2）修剪

在油茶果实采收后到春梢萌发前修剪油茶结果树，此时树体进入休眠状态，树液流动缓慢，修剪后伤口容易愈合，且这时油茶果实还小，不会因为修剪而导致落果。

油茶成熟林采果后修剪

①修剪目的。培养优良树体结构。通过合理的整形修剪，培养具有牢固骨架的优良树冠，使树体干、枝、梢、花、果合理占据空间，保持协调的从属关系。

促进稳产高产。通过合理的整形修剪，控制生长枝和结果枝的比例，以便调节营养生长和生殖生长的关系，控制花芽分化，使花芽数量趋于合理，不至于让油茶林分出现明显的大小年。提高坐果率，增大果径，改善油茶果实品质。

提高功效，降低成本。通过合理修剪，调整树体高度和冠幅，将其适度矮化，便于日常管理和采摘，降低劳动强度，提高工作效率。

增强抗逆能力，减少病虫害发生。通过合理的整形修剪，有效增加树体通风透光性，抵御不良环境带来的影响，减少病虫害的发生。

②修剪方法。春梢是油茶结果母枝的主要来源，要尽量保留，一般只将位置不适当的徒长枝、干枯枝、衰老枝、重叠交叉枝和病虫枝等疏去，保留内膛结果枝。剪去树干下部萌生的下脚枝、芽。间伐过分郁蔽的树木，使成熟林郁闭度小于 0.8。

树冠枝条剪去 10% 以下为轻修剪，剪去 10% ～ 20% 为中修剪，剪去 20% 以上为重修剪。幼树、旺树采用轻修剪；20 年以上的成年树采用中修剪；衰老树采用重修剪。主枝生长太强宜采用重修剪，目的是抑强主枝扶持弱侧枝，促使侧枝枝梢生长；侧枝生长强的宜轻剪，目的是希望强的侧枝开花结果，弱主枝转强后枝梢充实。

初结果油茶树的修剪。初结果的油茶树，先端 1 ～ 2 年生枝条不宜修剪，以扩大树冠。

盛果期油茶树的修剪。盛果期油茶的修剪主要是使树体能够立体结果，保证内膛和树冠下部的光照，内膛宜通，保持主枝、副主枝枝组的从属关系和枝组的壮实。

大年油茶树的修剪。大年油茶树结果枝生长旺盛，宜采用重修剪，疏剪和短截一部分结果枝，减少结果量，促发新梢萌生。

小年油茶树的修剪。小年油茶树结果枝生长弱，宜采用轻修剪，仅疏除细弱枝、密生枝、病虫枝、徒长枝。尽可能保留上年抽生的枝条和结果母枝。

修剪时，先剪下部，后剪中上部，先修冠内，后修冠外，内膛做到通而不空，内饱外满，左右不重，枝叶繁茂，通风透光，增大结果体积。

修枝时切口要光滑，防止树枝开裂、撕皮。

不希望剪口处萌发新枝的地方要紧贴树干剪，希望促生新枝的地方要注意将最上部的芽朝向希望新枝发育的方向。保留当年新梢。

修剪下来的枝叶要集中堆放处理或烧毁，以免影响油茶林的其他经营措施的实施。集中堆放还可以防止病虫以修剪下来的枯枝落叶作为栖息地繁衍生息，有效防止来年病虫为害。

（3）深耕垦复施肥

油茶园冬季深挖、改良、熟化土地

冬季垦复深挖可以改良土壤，清除杂草和消灭越冬病虫，熟化土地，同时施以土杂肥或粪肥为主的农家肥作为越冬肥，可提高树体的抗寒能力。有条件的还可以叶面喷施 0.5% 磷酸二氢钾溶液，增加秋梢的木质化程度，有利于树木越冬。

8 年以下的初结果树，每株施农家肥 5 ～ 10 kg，配合施有效含量 30% 的复合肥（N：P：K=10：10：10）1 kg、含有效成分 57% 的钾肥 0.1 kg。进入盛果期的结果树，视单株结果量多少，开花结果量多的株多施，开花结果量少的株少施，每株施农家肥 15 ～ 20 kg，配合施有效含量 30% 的复合肥（N：P：K=10：10：10）2 ～ 3 kg，含有效成分 57% 的钾肥 0.5 ～ 5 kg。农家肥作为长效肥，可每隔 2 ～ 3 年施 1 次，化肥则需每年施用。

施肥方法为开沟施肥。在油茶树树冠投影的上坡边沿开 1 条深宽各 15 cm、长 30 ～ 80 cm（视树冠大小、肥料多少而定）的弧形沟，将肥料均匀施下，覆土。

（4）促进油茶花授粉受精，提高坐果率

普通油茶的花粉，在开花后 24 小时内成活率达 95%，48 小时内成活率 60%，72 小时内成活率只有 35%。雌花开花后在 2 天内柱头黏液黏性高，有很高的授粉能力。雌花只有顺利完成授粉受精过程，才能结成果实。雌花能够顺利完成授粉受精过程，需要严格的环境条件，首先花药开裂需要气温达 18℃以上以及晴朗的条件，花药需要在 16 ～ 30℃的温度范围内才能萌芽，雨水会冲走柱头上的黏液导致其不能粘住花粉，低温时花粉囊不能开裂使花粉不能散出，低温也不能让已经粘在柱头上的花粉萌芽，日照太大、气候干燥时会使柱头提早枯萎。因此，温暖、天气晴朗、日照不强、大气湿度适宜的环境条件，最适合油茶开花授粉，人为营造有利于授粉的环境可以有效提高坐果率，如在油茶园养蜜蜂、苍蝇，在适宜油茶花授粉受精的天气人工授粉，防止沤花、烂花和烧花等。

①油茶园养蜜蜂、苍蝇，放蜂、蝇传粉。方法见 10 月栽培工作历。

②人工授粉，用于培育新品种。人工授粉步骤图示如下。

首先，采花苞进行水培，待开花后及时获取花粉。用于人工授粉的花苞需充分成熟、即将开放，这样花粉的成活率才高。太嫩的花苞花粉还没有充分成熟，授粉受精率低。最好是上午采花苞，下午授粉，或晚上采花苞，次日上午授粉。花苞采回来以后，先清洗叶片上的杂质，修剪，每枝保留 2 ～ 3 片叶片，然后密封、水培，避免感染。花粉获取后及时装瓶密封保存，以免感染。将花粉置于 30℃恒温箱中干燥 1 小时后用来进行人工授粉作业。

其次，进行人工授粉作业。如果单纯是生产上为了提高坐果率进行的人工授粉，直接摘取刚开花的花朵在柱头上授粉即可，不必采用培育油茶新品种的人工授粉的各个步骤，更不需要套袋和挂牌。当需要应用人工授粉这个手段来进行培育油茶新品种时，需要套袋和挂牌，套袋的目的是防止虫及其他污染物污染授粉柱头，挂牌的目的是记录父本、母本、授粉时间。

用于人工授粉作业的花苞

采花苞

修剪花苞、保留 2 ～ 3 片叶

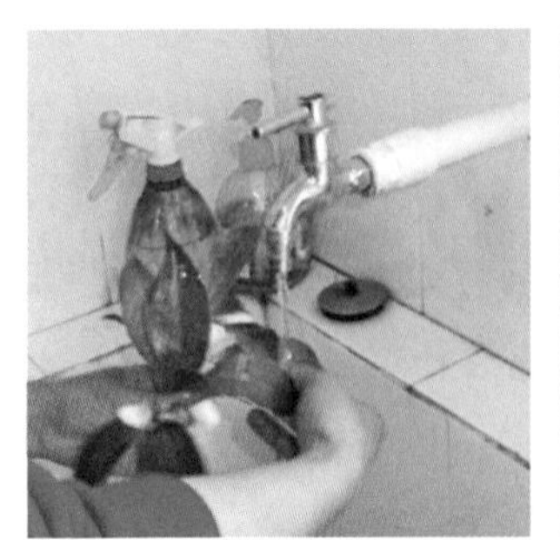

清洗花苞叶片

密封水培

获取花粉装瓶密封保存

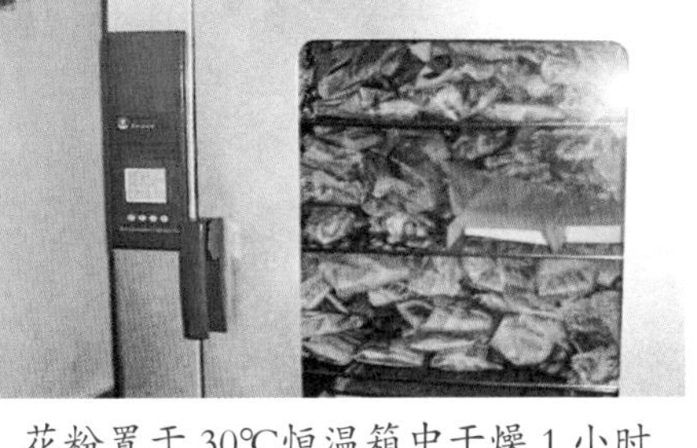

花粉置于30℃恒温箱中干燥1小时

去雄

培育油茶新品种的人工授粉作业步骤：选择适合用于人工授粉的花苞→掰开花瓣→去雄→授粉→套袋→挂牌。

授粉10天后揭开套袋，检查授粉结果。柱头绿色，表明人工授粉成功；柱头黑色，表明人工授粉失败。

③防止沤花、烂花。11月为少雨季节，一般很少下雨，如遇阴雨天气，则不利于授粉，应该于雨后及时摇树，摇落雨水，防止沤花、烂花。

④防止烧花。盛花时节，如遇高温干旱，日均气温大于25℃，最高气温大于32℃时，柱头容易干枯，不利于授粉，有条件的种植户可以在上午10时前、下午4时后向树冠喷水，或往树根灌水，增加空气湿度，提高授粉受精率。

授粉

套袋、挂牌

⑤摇树。花盛开时，中午、下午摇树，使花粉散落，增加授粉率。

（5）油茶林清园

修剪完成后进行清园，用1波美度的石硫合剂喷洒病株，防治油茶烟煤病；或用乐果1500～2000倍稀释液防治油茶煤烟病；清除油茶根腐病重病株，并用熟石灰拌土覆盖，或用50%退菌特、50%多菌灵等浇灌病株根茎处防治。

2. 油茶幼年树管理

（1）新造林地管理

①做好整地工作。

营造高产、稳产的油茶林，首先要整好地。整地时可采用全垦整地、开等高水平带、垦穴整地的办法，需要在造林前 3 个月提前整好地，一般整地方式有以下 3 种。

a. 全垦整地：坡度在 15° 以内的平坦地或缓坡地采用全垦整地，全垦整地时顺坡由下而上挖垦，深挖 20 ～ 30 cm，适当保留山顶、山脚和山沟部位的植被，注意清除石块、树根等杂物。整地结束后按株行距点坑，挖定值穴，穴面直径 × 穴深 × 穴底部直径 =50 cm × 50 cm × 40 cm。提前挖好的定植穴经数月太阳暴晒后土壤得到熟化。

b. 带状整地：坡度在 15 ～ 20° 的应采用水平带状整地。带状整地时按行距沿等高线开环山水平带，由上向下挖筑内侧低、外缘高的水平阶梯，带宽视坡度而定，坡小带宽，坡大带窄，带上按株距点坑，挖穴，规格同全垦。整地时保留的带间植被的主要作用是给幼林以适当遮阴，待油茶树稍长大后再行劈除。

c. 块状整地：坡度在 20 ～ 25° 的地类，或水土保持要求高的山塘、水库和交通沿线等地段，应采用块状穴垦，按设计好的株行距沿等高线定点，沿等高线按“品”字形排列点坑，挖穴，穴面直径 × 穴深 × 穴底部直径 =50 cm × 50 cm × 40 cm。挖出的表土放置于穴的一边，底土则放置于穴的另外一边。挖出的土让太阳曝晒一星期后，表土填入穴底，底土履于上面。回填土后，穴的表面要求靠下坡处高过上坡处，以防止水土流失，保持水分。定值造林时先培表土，后培心土。

整地前建议尽量避免炼山。

炼山是人们为了植树造林，在采伐迹地或宜林地上用火烧来清理林地杂物的一种营林措施，是一种人为控制的火烧，已有一千多年的历史，并形成了一种习惯，是南方林区常用的造林整地方式。

炼山造林的优点：第一，炼山后能够比较彻底清除不适宜的自然植被、采伐剩余物，清理林地空间，迹地清理简单、迅速、经济有效，使林地整地、幼林抚育技术措施较易实施。第二，炼山可大量增加林地灰分等有效成分，对土壤具有短期激肥效益，有利于林木早期生长，促进林木提早郁闭。第三，炼山可以直接杀死病虫害，降低病虫对幼苗的为害，同时，炼山还能够切断病虫食物和寄主的联系。

炼山造林的缺点：大面积的炼山会造成阔叶树物种减少，降低生物多样性。林地生境变得单一，简化森林生态系统内的食物链，导致重建的人工林生态系统抗逆性下降。大面积的炼山会造成大量的有机质和养分损失。炼山对土壤具有短期激肥效益，但会使土壤表层的有机质受到很大损失，土壤腐殖质含量下降，从长期来看，炼山烧毁了森林生态系统长期积累起来的大量有机质——杂灌木、采伐剩余物、枯枝落叶等，使系统内原有的物质循环瞬间中断，大量有机质、无机元素、盐类损失。从森林生态系统物质交互方面来讲，在幼林郁闭前，因为幼龄林的枯枝落叶少，原有森林的枯枝落叶层又被烧毁，造成土壤系统物质输入极少，如果造林时不施肥的话，土壤系统的物质输入更少，而为了幼林生长，营养输出却很大，土壤养分没有能够获得补充，造成土壤系统功能处于退化阶段。

炼山会破坏土壤结构。大火直接灼烧表层土壤，使土壤结构受到破坏，变得脆弱，容易堵塞，导致林地保水蓄水功能降低。

大面积炼山会造成严重水土流失。炼山后，大面积林地裸露，人工整地造林后，土体表层破碎，受大雨打击后，容易形成径流水，所以在幼林郁闭前，会造成林地的水、土、肥流失严重，导致人工林地力下降。

比较炼山造林的优缺点，从人工林持续经营方面来看，不建议采用炼山造林，另外，炼山造林还涉及政策风险，存在的安全隐患也较大。若要采取炼造林的方式，炼山前要先开设好防火带，组织好炼山人员、扑火人员以及后勤人员等，向有关部门申请并获批准野外用火以后方可进行。

建议采用带状堆积处理采伐剩余物。炼山主要就是因为采伐剩余物太多，没有烧掉无法造林，也无法抚育。采用带状堆积处理采伐剩余物，即沿水平方向带状堆积采伐剩余物，堆积物的带宽为 1.0 ～ 1.5 m，堆积物间距为 10 ～ 15 m，视造林地具体情况和采伐剩余物的多少而定。

②点坎。按照造林设计，分区、分片、分品种进行点坎。点坎时，为了防止造成大量的水土流失，原则上沿等高线布设行，在行上布设定植株。为了便于野外作业，一般采用线尺进行丈量，用塑料绳子按照 1 m 的距离做标记制作线尺，用勾股定理来确定直角，以保证行与行之间的平行关系。

③挖坎、施足基肥。按照点好的坎挖长、宽、深均为 50 cm 的种植穴。施

放的基肥以厩肥、农家肥、草木灰及麸饼等有机肥为主。挖坎时，表土和心土要分开放，表土放在坎的一边，心土则放在坎的另一边，回填表土后，每穴放经堆沤腐熟的有机肥 15 ～ 20 kg 或油茶专用复合肥 0.5 kg，配施 0.25 kg 的钙镁磷肥。基肥与回填的表土充分拌匀后，再回填心土至高出地面 10 cm 左右。

④开挖好排水沟。按照规划，在整地和修路的同时，开挖好山顶、山底、沿山、沿公路的排水沟。

（2）幼龄林管理

①人工摘花，不让挂果，维持树体营养生长，加快树冠成形。

②整形修剪，培养优良结果的树形。幼年树的整形通过修剪来完成。具体方法如下。

定植当年，在树干高 50 cm 左右短截，树干离地面 20 cm 以下的小脚枝及萌芽应及时剪去，保留 20 cm 以上的枝条。用嫁接苗定植的，剪去嫁接口以下萌芽和枝条。

定植第二年，选 3 ～ 4 枝生长健壮的枝条作为主枝，要求四周分布均匀，有层次，每层之间有一定距离，截顶，剪除主干上的其余枝，并在主枝上距主干约 40 cm 处选留 1 条生长旺盛的枝作第一副主枝，再选留 2 ～ 3 枝作辅养枝。剪去嫁接口以下萌芽和枝条。

定植第三年，在第一副主枝上每隔约 40 cm 处选留第二、第三副主枝，副主枝方向相互错开。保留主枝及副主枝上侧枝，使树冠逐步充实。

定植第四年，优良结果树形基本形成，形成具有 3 ～ 4 个主枝，9 ～ 12 个副主枝的理想树形。

③深耕垦复施肥，株施农家肥 5 kg，方法参考本月油茶结果树管理。

④清园，防治病虫害。

本月主要病害是为害叶、芽的油茶软腐病，病害特点、形态特征、为害方式和防治方法参考 4 月栽培工作历。

清园方法同本月油茶结果树管理。

3. 油茶育苗

①揭遮阴棚炼苗、除草、除萌等。

②摆苗、清理空杯。

③加强水肥管理。

揭遮阴棚炼苗

炼苗摆苗

淋水肥

采穗圃冬季修剪

④采穗圃冬季修剪。

⑤采穗圃人工摘除花、果。

4. 油茶低产林改造

（1）更新改造

①截干更新。在老弱油茶树的主干，距离地面 30 cm 处短截，当萌芽条长到数厘米长时，保留 2 ～ 3 条生长健壮枝条作主枝，其余枝条剪除。

②截枝更新。在老弱油茶树的主枝上，保留主枝 30 cm 然后短截，当萌芽条长到数厘米长时，保留 2 ～ 3 条生长健壮枝条作主枝，其余枝条剪除。

③回缩更新。在老弱油茶树的树冠上，视枝条衰弱程度，将骨干枝顶端酌量回缩，缩小树冠，重发新枝，恢复树木生长势。

④露骨更新。在老弱油茶树的树冠上，仅保留主干、主枝和副主枝，其余枝条剪除，不留枝叶，让枝条裸露，当树冠萌生枝条以后，可以恢复树木生长势。

（2）抚育施肥改造

①林地清理。对油茶林内灌木、杂草、寄主植物和其他混生的用材林、经济果木林进行彻底的伐除，对油茶林的老、残、病株也要一并砍掉。

②伐密补疏。对于过密的林分要坚决疏伐，越是疏伐得彻底的，增产效果越好。疏伐时伐除林下受压的小树，砍掉树体结构不合理的树，去掉不太结果或不结果的树，将郁闭度调整到 0.7 ～ 0.8，使林分内保持合理的透光度。对稀林则进行补植，增加林内良种率，提高单位面积的生产力。

③整枝修剪。方法参考本月油茶结果树管理。

④深挖垦复施肥。方法参考本月结果树管理。

（3）换冠嫁接改造

①揭除 9 月秋季高接换冠嫁接时的保湿保温袋。

②将上一年留作营养枝和遮阴用的枝条从基部锯除。

③除萌。

12 月栽培工作历

（一）油茶物候期

12 月节气：12 月 6 ～ 8 日大雪，12 月 21 ～ 23 日冬至。

12 月平均气温很低，进入冬季，雨量少，低温干旱，油茶树生长逐渐转入相对休眠状态。

油茶结果树的物候期为开花末期。

油茶幼年树的物候期为休眠期。

油茶苗木的物候期为休眠期。

12 月普通油茶结果树处于开花末期

12 月广宁红花油茶老树处于花期

12 月博白大果油茶结果树处于花期

12 月广宁红花油茶结果树处于花期

12 月陆川油茶结果树处于花期

12 月宛田红花油茶结果树处于花期

12 月香花油茶结果树处于开花末期

12 月油茶采穗圃生长情况

（二）栽培管理的中心工作

油茶结果树：保花、保果。

油茶幼年树：壮梢。

油茶育苗：清理苗圃地。

（三）栽培技术措施

1. 油茶结果树管理

①采收晚熟品种的油茶果实。油茶果实采收和捡籽采收、摊晒、烘干、毛油初加工、放养蜜蜂等工作方法参考 10 月栽培工作历。

②修剪。方法参考 11 月栽培工作历。

③深耕垦复施肥。方法参考 11 月栽培工作历。

④促进油茶花授粉受精，提高坐果率。

油茶园养蜜蜂、苍蝇，用于传粉。方法参考 10 月栽培工作历。

人工授粉。方法参考 11 月栽培工作历。

⑤预防冻害。根部培土或盖草，以提高土温，增加肥力，从而达到保护根系和根颈的目的。清除根部积雪，及时摇落树上积雪，避免树枝因积雪过多而被压断，同时防止在化雪时枝叶结冰，加重树体受冻害程度。开沟排水。及时剪除受冻害枝条，将它们集中处理或烧毁。

2. 油茶幼年树管理

（1）新造林地管理

①继续完成整地工作，方法参考 11 月栽培工作历。

②开挖好排水沟。按照规划，在整地和修路的同时，开挖好山顶、山底、沿山、沿路的排水沟。

（2）幼龄林管理

①人工摘花，不让挂果，维持树体营养生长，加快树冠成形。

②整形修剪，培养优良结果的树形，方法参考 11 月栽培工作历。

③深耕垦复施肥，每株施农家肥 5 kg，方法参考 11 月栽培工作历。

④防治病虫害。

本月主要病害是为害叶、芽、子房的油茶叶肿病。

油茶叶肿病由担子菌纲外担菌目外担菌属细丽外担菌引起，嫩叶、嫩梢、芽受感染后，产生肥大变形症状，故又名茶饼病、茶苞病、油茶片。主要为害油茶嫩叶、嫩梢、芽和子叶，病菌侵染后，经越夏后发病，借气流传播，风力越大，传播距离越远。病菌孢子在低温（12 ～ 18℃）、高湿（空气湿度 79% ～ 88%）、阴雨连绵的气候条件下发芽，芽管从气孔或其他组织侵入，生长半个月以内的嫩叶、嫩梢、芽和子叶易发病。叶芽、嫩叶受害后，常表现为肥耳状，数叶或整个嫩梢的叶片成丛发病；花芽和幼果受害后，形成桃形中空茶苞，可食用。主要发生在 12 月和 1 月，影响油茶树生长和花芽、果实发育。

主要症状：油茶嫩叶、嫩梢、芽受害发病，开始时表面为浅红棕色或淡紫色，间有黄绿色。发病后期表皮开裂脱落，露出灰白色的子实体层，孢子飞散。子实体层被霉菌污染后变成暗黑色，病部干缩，悬挂枝头长达 1 年而不脱落。其症状一般表现为整体性，同时也有局部病变情况，表现为单叶出现肿斑。

防治方法：在担孢子成熟飞散前摘除病叶、病梢、病果，烧毁或掩埋；重病区在新叶萌发前喷施 1% 波尔多液或石灰水、硫黄粉，预防感病；发病期间喷洒 1∶1∶100 波尔多液或敌克松 500 倍稀释液防治。

⑤防治冻害。方法参考本月油茶结果树管理。

3. 油茶育苗

①揭遮阴棚炼苗、除草、剪除萌芽等。方法参考 11 月栽培工作历。

②摆苗、清理空杯。方法参考 11 月栽培工作历。

③采穗圃冬季修剪。方法参考 11 月栽培工作历。

④采穗圃人工摘除花、果。方法参考 11 月栽培工作历。

⑤采穗圃冬季松土、修挖排水沟。

⑥采穗圃、苗圃喷药防治病虫害。用 90% 敌百虫 1500 ～ 2000 倍稀释液，

加 50% 多菌灵等内吸性杀菌剂防治病虫害。

⑦防治冻害。寒潮来临前用塑料薄膜覆盖苗木，防止苗木受到冻害。修挖排水沟，及时排水。

采穗圃冬季松土、修挖排水沟

采穗圃喷药防治病虫害

⑧芽苗砧嫁接育苗。

砧木种子的选择：选择充分成熟、粒大饱满、无病虫害的油茶种子作砧木种子，采果后太阳晒 1 ～ 2 天，后阴干脱出籽粒。砧木种子在催芽前置于冷库储藏。

催芽沙床

湿沙催芽：选好种子以后，在嫁接前 60 天，用 0.4‰高锰酸钾溶液消毒 1 ～ 2 小时。一般是春节后嫁接，所以在上年的 12 月就要进行催芽了。将消毒后的种子播种到高度约 12 cm 的沙床上，其上用 10 cm 沙子覆盖，沙床淋透水，后喷多菌灵消毒 1 次，最后用薄膜和荫网覆盖，保温、保湿。

4. 油茶低产林改造

（1）更新改造

①截干更新。

②截枝更新。

③回缩更新。

④露骨更新。

以上方法均参考 11 月栽培工作历。

（2）抚育施肥改造

①林地清理。

②伐密补疏。

③整枝修剪。

④深耕垦复施肥。

以上方法均参考 11 月栽培工作历。

（3）换冠嫁接改造

①揭除 10 月秋季高接换冠嫁接时的保湿保温袋。

②将上一年留作营养枝和遮阴用枝条从基部锯除。

③除萌。

附录

一、石硫合剂的配制及使用方法

石硫合剂用石灰、硫黄和水熬制而成，其有效成分为多硫化钙，成品为红褐色透明液体，强碱性，具杀菌、杀虫和杀螨作用，可自行配制。商品石硫合剂一般为 32 波美度以上。

（一）配制方法

取优质生石灰 1 份、细硫黄粉 2 份、水 10 ～ 15 份。把生石灰放入瓦锅或生铁锅内，用少量水化开，调成糊状，用少量水配成石灰乳。去除杂质后兑入配比的足量水，加热煮沸，将硫黄粉用少量水调成糊状，慢慢加入石灰乳中，搅拌均匀后，猛火熬煮，不停地搅拌。至沸腾后约 40 分钟，待药液呈红褐色、渣子变黄绿色时停火，待药液冷却后用纱窗布滤出渣子，即得到石硫合剂原液。自行熬制的石硫合剂为 20 ～ 28 波美度。石硫合剂熬好后要用厚塑料桶或木桶盛装。

（二）使用方法

使用前先用波美比重计测出石硫合剂原液的浓度，然后根据下列公式算出稀释倍数：

每千克原液加水千克数 =（原液波美度数 – 使用波美度数）/ 使用波美度数

（三）注意事项

①石硫合剂不能与松脂合剂、肥皂、铜制剂、有机磷类及忌碱性药剂混用。

②石硫合剂不能长期单一使用，否则植株不仅易发生药害，而且易产生抗性。要注意与其他不同作用机制的农药交替、轮换使用，以更好地发挥防治效果。

③施用石硫合剂后，喷雾器必须充分洗涤，以免腐蚀损坏。

④石硫合剂不耐贮存，应随配随用。

熬制石硫合剂剩余的残渣可以配制为保护树干的白涂剂，白涂剂能防止日灼和冻害，兼有杀菌、治虫等作用，配置比例：生石灰∶石硫合剂（残渣）∶水 = 5 ∶ 0.5 ∶ 20，或生石灰∶石硫合剂（残渣）∶食盐∶动物油∶水 =5 ∶ 0.5 ∶ 0.5 ∶ 1 ∶ 20。

二、0.1% 高锰酸钾溶液配制方法

将 0.1 克高锰酸钾溶于 100 ml 水中，煮沸 30 分钟，冷却后将溶液转入干燥的试剂瓶中，放置 1 周后，经过滤后使用。

三、波尔多液的配制及使用方法

（一）配制及使用方法

常用的波尔多液，有等量式波尔多液（硫酸铜∶生石灰 =1 ∶ 1）、倍量式波尔多液（硫酸铜∶生石灰 =1 ∶ 2）、半量式波尔多液（硫酸铜∶生石灰 =1 ∶ 0.5）、多量式波尔多液（硫酸铜∶生石灰 =1 ∶ 3 ～ 5）和少量式波尔多液（硫酸铜∶生石灰 =1 ∶ 0.5 以下），用水量为 160 ～ 240 倍，配制浓度有 1%、0.8%、0.5% 等。

施用 0.5% 浓度的半量式波尔多液，即 1 ∶ 0.5 ∶（160 ～ 200）的波尔多液，用硫酸铜 1 份、石灰 0.5 份、水 160 ～ 200 份配制而成。

配制时，先以用水量 10% ～ 20% 的水溶化生石灰，制成石灰乳，再以用水量 80% ～ 90% 的水溶化硫酸铜，待其充分溶化后，将硫酸铜溶液缓慢倒入石灰乳中，边倒边搅拌，使两种溶液混合均匀，即得天蓝色波尔多液。要注意切不可将石灰乳倒入硫酸铜溶液中，否则会发生沉淀，影响药效。

或者用一个大缸，两个桶，先用两个桶盛少量水分别化开硫酸铜和生石灰，剩余的水倒入大缸中。然后两人各持一桶，将已经化开的硫酸铜液和石灰水缓缓倒入大缸中，边倒边搅拌，即可配成。

（二）注意事项

①不能用金属容器盛放波尔多液。

②配好的波尔多液不可再加水稀释，因为一次配成的波尔多液胶悬体性状比较稳定，若再加水则会形成沉淀或结晶，影响质量，易造成药害。

③喷雾器使用后，要及时清洗，以免剩余药液腐蚀而损坏喷雾器。

④波尔多液配成后，将磨光的铁钉或铁片放在药液里浸泡 1 ～ 2 分钟，取出后，以不产生镀铜为好，如钉上有暗褐色铜离子，则需在药液中再加一些石灰乳，否则易发生药害。

⑤波尔多液要现配现用，放置时间不宜超过 24 小时，否则会发生质变，不能使用。

⑥波尔多液为碱性液，不能与酸性药剂混合使用，否则易发生分解而失效；也不能与石硫合剂、松脂合剂等混合使用，间隔期为 15 ～ 20 天，否则会发生药害。

⑦波尔多液中的硫酸铜有剧毒，如误食，应及时上医院；大量食用鸡蛋清也可解毒。

参考文献

[1] 陈永忠 . 油茶优良种质资源 [M]. 北京：中国林业出版社，2008.

[2] 彭阳生，奚如春. 油茶栽培及茶籽油制取 [M]. 北京：金盾出版社，2006.

[3] 黄墩元，王森. 油茶病虫害防治 [M]. 北京：中国林业出版社，2010.

[4] 吴耀军，奚福生. 中国油茶油桐病虫害彩色原生态图鉴 [M]. 南宁：广西科学技术出版社，2010.

[5] 国家林业局油茶产业发展办公室，国家油茶科学中心. 油茶实用栽培技术手册 [M]. 北京：中国林业出版社，2011.

[6] 庞正轰. 经济林病虫害防治技术 [M]. 南宁：广西科学技术出版社，2006.

[7] 国家林业局国有林场和林木种苗工作总站. 中国木本植物种子 [M]. 北京：中国林业出版社，2001.

[8] 胡芳名，谭晓风，刘惠民. 中国主要经济树种栽培与利用 [M]. 北京：中国林业出版社，2006.

[9] 史玉群. 绿枝扦插快速育苗实用技术 [M]. 北京：金盾出版社，2009.

[10] 黄辉白. 热带、亚热带果树栽培学 [M]. 北京：高等教育出版社，2003.

[11] 袁铁象，黄应钦，梁瑞龙. 广西主要乡土树种 [M]. 南宁：广西科学技术出版社，2011.

[12] 吕芳德，余江帆. 油茶高效栽培 [M]. 北京：中国林业出版社，2010.

[13] 陈辉，刘国敏，刘玉宝，等. 油茶丰产林培育 [M]. 福州：福建科学技术出版社，2009.

[14] 王森，钟秋平．油茶整形修枝 [M]．北京：中国林业出版社，2010.

[15] 袁铁象，黄应钦．油茶栽培实用技术 [M]．南宁：广西科学技术出版社，2011.

[16] 何方，王义强，吕芳德，等．油茶林生物量与养分生物循环的研究 [J]．林业科学，1996，32 (5)：403-410.